犬種別
一緒に暮らすための
ベーシックマニュアル
Pug

もっと楽しいパグライフ

編：愛犬の友編集部

誠文堂新光社

麦わら帽子
似合うでしょ?

手つなごうよ♪

お花好きなの

Pug

CONTENTS

1 パグの魅力をさぐる

2 子犬を迎える

3 子犬の育て方

4 成犬との暮らし方

CONTENTS

5 グルーミングの基本と毎日のケア

6 シニア犬との暮らし方

7 12カ月の健康と生活

8 病気とケガ

撮影協力：福原得子（カブ）
村田由理（りんだ）
上村晋太郎（小梅）
ハウスプーリー

ヘルスチェックメモ

愛犬のヘルスチェックメモをつけて、毎日の健康管理に役立てましょう。ふだんからつけておけば、いざというときに動物病院で健康状態の説明にも役立ちます。

名前 ＿＿＿＿＿＿＿＿＿＿ **年齢** ＿＿＿ **オス・メス**

体重 ＿＿＿ kg　**避妊・去勢** □している（＿＿＿歳）　□していない

食事　1回の量 ＿＿＿ g ／1日 ＿＿＿ 回

おやつ　種類 ＿＿＿＿＿＿　1回の量 ＿＿＿ g ／1日 ＿＿＿ 回

サプリメント　□与えている　種類 ＿＿＿＿＿＿ ／□与えていない

予防接種

接種日 ＿＿＿＿ 年 ＿＿＿ 月 ＿＿＿ 日（ワクチンの種類 ＿＿＿＿＿＿）

フィラリア予防薬　投与日 ＿＿＿＿ 年 ＿＿＿ 月 ＿＿＿ 日

ノミ・ダニ予防薬　投与日 ＿＿＿＿ 年 ＿＿＿ 月 ＿＿＿ 日

過去の病気・ケガ ＿＿＿＿＿＿＿＿＿＿

現在治療中の病気・ケガ ＿＿＿＿＿＿＿＿＿＿

現在与えている薬 ＿＿＿＿＿＿＿＿＿＿

体調管理

食欲　□ある　□なし

水の摂取量　□多い　□少ない（変化がある場合はその様子 ＿＿＿＿＿＿）

運動量　□変化なし　□増えた　□減った（変化がある場合はその様子 ＿＿＿＿＿＿）

排泄　□変化なし　□下痢（便の状態 ＿＿＿＿＿＿・いつから ＿＿＿＿＿＿）

排尿　□変化なし　□増えた　減った（尿の状態 ＿＿＿＿＿＿・いつから＿＿＿＿＿＿）

嘔吐　□ある　□なし

その他変化が見られる部位・様子 ＿＿＿＿＿＿＿＿＿＿

1

パグの魅力をさぐる

大きな瞳と愛嬌溢れる表情で魅力いっぱいのパグ。この犬種の魅力のもとを探ってみます。

愛嬌たっぷりで魅力的なパグ

特徴的な顔立ちと性格で愛される犬種です

ユニークな顔立ちで昔から人気のある犬種

つぶれた鼻と真っ黒な顔。まん丸でよく動く目。特徴的な顔立ちを持つパグは、ちょっととぼけた容姿と性格で日本では昔から人気のある犬種です。

パグは中国で誕生しました。かなり古くから中国の上流階級に愛玩犬として愛され、やがてヨーロッパに渡り、世界中に広まりました。

天真爛漫で穏やかな性格

パグの魅力はなんといっても、その穏やかな性格です。一度パグを飼った人は「次も絶対パグを飼う」という人も多いようです。それほどに人々を魅了してしまう犬種なのでしょう。

パグは基本的に天真爛漫。陽気で元気で、少し怒られたくらいではへこまないタフな精神力を持っています。

また、とても飼い主さんの心に寄り添ってくれる犬種です。人の気持ちや言葉を理解する能力が強く、飼い主さんが楽しそうにしているときは自分も楽しそうだし、悲しいときには寄り添ってくれるやさしさがあります。はるか昔から人々に愛されてきた愛玩犬ならではの共感能力の高さです。

抱っこやなでられることに対しての好き嫌いには個体差があります。中には抱っこはあまり好きではないというパグも。飼い主さんとべったりイチャイチャするというより、お尻をそっと寄せてくるような、穏やかなコミュニケーションを好む子もいます。

時々空気を読まない場面も……

飼い主さん以外の人にも友好的な子が多く、目が合うだけでいそいそと近づいてくれるパグもいます。また基本的には他の犬にもフレンドリーでどんな犬種とも仲良くできるのが特徴です。ただし個体差があり、あまり他の犬が得意ではない子もいます。

その一方、マイペースすぎて空気が読めず、パーソナルスペースの広い犬相手にもお構いなくガンガン近寄ってしまい、いやがられることも……。犬が苦手な人のそばにも近寄ることがあるので、飼い主さんが相手と愛犬の様子をよく見ていることが必要です。

パグの魅力

- 愛らしい容姿
- 穏やかで共感能力が高い
- 人が好きでフレンドリー
- 懐が深く、どんな犬とも仲良くなれる

のんびりした暮らしが好きで穏やかな性格

愛玩犬として作出されたので、ドッグスポーツをしたり、人と作業をしたりといったことにはあまり向いていません。そのため、ひと通りのマナーとルールを教え、社会化が進んだら、さまざまなトレーニングを躍起になって教え込むよりも、穏やかにのんびり暮らしたほうがいいかもしれません。ただし、これも個体差があり、数は多くないですが、飼い主さんと何かをするのが好きなパグもいます。愛犬の性格を見定めてあげましょう。

短頭種なのでとくに暑さに弱い

パグは短頭種です。そのため気道が短く、曲がっています。暑さは何よりも厳禁。夏場は冷房が欠かせません。また目や皮膚にトラブルが出やすい傾向があります。パグの特徴ともいえる顔のしわや耳、口元などのお手入れは大切。しかしそれ以外では比較的丈夫で、とても飼いやすい犬種といえるでしょう。

中国古来より愛されてきた犬

日本に伝わったのは第二次世界大戦後でした

2千年前からパグの祖先が存在していた

長年私たちの身近にいるパグですが詳しい歴史はわかっていません。起源には諸説ありますが、2千年前にはチベットの僧院で、彼らの祖先にあたるマスティフ犬が飼われていたといわれています。しかし、現在のパグとはまったく違う形をしていました。

やがて時代が進み、紀元前700〜600年頃の文献に、現在のパグの直系の祖先らしき犬が登場します。古代中国の王室で飼われ、魔除けや厄除けの犬として崇められていました。

外見から推測すると、マスティフ犬のほか中国原産のペキニーズともかけ合わさって、現在のパグの祖先が登場したのでは、ともいわれています。

近代になって、オランダ東インド会社が中国との貿易でパグをヨーロッパに輸入。その愛らしい容姿で人気を得てヨーロッパ全土に広まります。英国のビクトリア女王やジョージ5世もパグを愛したといいます。また、フランス皇帝ナポレオン2世の妻、ジョセフィーヌもパグを飼っていて、彼女の危機を何度も救ったという逸話もあります。この頃のパグは現在よりも体が大きく顔つきも少々ごついものでした。

1935年にイギリスで出版された「HUTCHINSON'S POPULAR & ILLUSTRATED DOG ENCYCLOPAEDEIA」。この中にもパグの姿がたくさん掲載されている。

フォーン系のパグとブラックのパグ。当時のパグと現在のパグの姿を比較してみても面白いだろう。

日本には1960年代に伝わる

19世紀になるとヨーロッパを経由してアメリカにもパグが渡りました。

1885年に、アメリカンケネルクラブに犬種登録がされています。以降、世界中でパグが飼われています。

しかし、そこから日本に伝わるには少し時間がかかりました。日本にパグがやってきたのは第二次世界大戦後のこと。アメリカ（英国という説も）からでした。日本における歴史はあまり長くないのですが、愛嬌のある外見と穏やかな性格で、あっという間に人気犬種の仲間入りを果たしています。

2017年版JKC登録件数では13位。過去5年でつねに15位までに入っていて安定した人気を誇ります。

h. "Princess Pretty", owned by Lord Wrottesley, was bred by iss Spurling in 1920. It was sired by Ch. "Young Scotland".

Ch. "Captain Nobbs" was bred by Miss C. Smart. It is a son of Ch. "Narcissus of Otter", and the winner of four Challenge Certificates.

1920年代にイギリスのドッグショーで活躍したパグたち。

s. Demaine's Ch. "Dark Ducas" is one of the most important dogs in the breed; it was sired by Ch. "Dark Dickory".

Ch. "Dancing Dickerine of Otter" was bred by Miss H. C. Coup in 1926, by "Dandy Dicker" ex "Prancing Prue of Otter".

ちなみにパグという名の語源はラテン語で「握りこぶし」をあらわす言葉。頭の形が拳に似ているからこの名がついたといわれている。

中国原産の犬ではあるが、オランダからヨーロッパ各地へ広がったため、オランダ原産と信じられていた時期もあるそうだ。

パグのスタンダードを知ろう

スタンダードには犬の魅力が詰まっています

容姿や体格が定められている「スタンダード」

犬種にはそれぞれ「スタンダード」が定められています。現在登録されている純血種はほとんどが人間が用途に合わせ、さまざまな犬を組み合わせて作出したものです。だから誰もがわかる〝犬種の理想的なスタイル〟が必要とされました。それが「スタンダード（犬種標準）」です。パグにも容姿、体格、性格や毛色などが細かく定められています。パグと暮らすうえでスタンダードの知識が絶対必要というわけではありませんが、知っておけば魅力が深まるでしょう。

また美しいパグを未来につなげていくためにも、スタンダードは重要です。

パグのスタンダード

体格

体重：6.3～8.1kgが理想とされる。

シッポ

付け根の位置が高く、お尻の上でできるだけ固くカールしていること。ダブルカール（二重巻き）がもっとも好ましいとされる。

ボディ

コンパクトでコビー（胴が短く引き締まっていること）。スクエアが基本で、体高：体長＝1：1が理想。背線はまっすぐで、くぼみがない。胸は幅広く、よく張っていること。

あまりにスタンダードから外れた犬の交配を続けていくと、パグの形や性質が崩れてしまったり、遺伝的な病気の原因になることもあります。

もちろん、家庭犬として過ごすのならば、体格や体重などが少しくらいスタンダードから外れていてもまったく問題ありません。大事な家族の一員として、かわいがってあげてください

耳

薄く小さく、黒いベルベットのように柔らかである。耳たぶが前方にスカルに沿うようにたれているボタンイヤー、耳たぶが後ろに折れたローズイヤーの2種類があるが、前者のほうが望ましい。

目

丸く大きなどんぐり型の目。色はダークが基本。大変輝きがあり、興奮するとキラキラと輝く。

マズル

短くずんぐり。前に出っ張っているのは望ましくない。鼻はボタン鼻が基本で、鼻孔は正面を向いていること。

歯

わずかにアンダーショット。ライ・マウス(ゆがんだあご) や上あごが長いオーバーショット、歯が見えている噛み合わせは望ましくない。

頭部

大きく丸いが、アップルヘッド(後頭部がリンゴのように丸くなった頭) はNG。額部にはパグの特徴ともいえるダイヤモンド型のシワが入る。耳、マズル、マスク、頬にあるほくろは黒くなくてはいけない。

被毛

細く滑らかで、柔らかい。短く光沢があるが、ウーリー(羊毛のような質感) ではない。

四肢

前足、後ろ足ともにボディの下にまっすぐつく。正面から見て肩の真下に前足が来るのが理想。指はよく丸まっていて、指がきちんと分かれている。ツメの色は黒が基本。

茶系と黒系の2色に分かれる

つややかな光沢のある毛並みを持っています

JKCでは4色が認められている

パグは短毛種ですが、その被毛はダブルコート。オーバーコートとアンダーコートで二層になっています。そのため、抜け毛が多いので、ブラッシングなどのお手入れはしっかりと行いましょう。

パグは、JKCでは4種類の毛色が認められています。ひとつめがフォーン。茶系の毛色で、もっともパグらしい色です。ふたつめがアプリコット。これはトイ・プードルなどによく見られる赤みがかった茶色で、普通のフォーンよりもオレンジが強くなります。3つめがシルバー。グレーがかった茶色ですが、日本ではめったに見かけま

パグの魅惑の毛色

フォーン

パグの代表的な毛色。薄茶系の毛色です。後頭部からシッポにかけてブラックのライン（トレース）があるのが特徴です。マスクはブラックで、しっかりと毛色とコントラストがつくのが理想です。

せん。4つめがブラック。マズルから顔から体まで一面黒毛です。どの毛色でも、マズル、鼻、耳、ツメは黒くなくてはいけません。

子犬の頃と毛色が変わることも

犬種によっては近年、新しい毛色が作出されていることもあるのですが、パグはこの4色で落ち着いています。

この4色のうち、日本で多いのはフォーンとブラック。かつてはフォーンがほとんどでしたが、最近ではスタイリッシュなブラックも人気が上がっているようです。なお、アプリコットとシルバーはフォーンと区別がつきにくく、例えば子犬の頃にアプリコットと血統書に書かれていても、成長とともに毛色が変化し、結果としてフォーンになったというようなこともあります。

ブラック

オーバーコートもアンダーコートも真っ黒。全身が黒毛に覆われたパグで、つややかな光沢がよくわかる毛色といえるでしょう。胸の内側に少し白い差し毛が混ざることもあります。年齢とともに顔周りや胸元が白くなる犬もいます。

他にはこんな毛色も……

アプリコット

オレンジがかった毛並みで、フォーンを濃くしたような毛色になります。ただ、フォーンとの区別がつきにくく、成長とともに変わることもあります。絶対的な頭数が少ないです。

シルバー

フォーンにグレーがかった毛色。キツネのような毛色で、もっともめずらしいといわれます。日本ではめったに見かけません。フォーン、アプリコットと区別がつきにくいです。

パグと暮らす楽しみとは？

安定した性格でいろいろと楽しめます

●好奇心旺盛で人なつこい初心者にも最適な犬種

穏やかでやさしく、飼い主さんに寄り添ってくれるパグ。家に迎えた瞬間から、飼い主さんはパグの愛嬌ある様子、行動に夢中になるでしょう。

陽気で天真爛漫。極端におとなしいわけでなく好奇心旺盛でフレンドリーなパグなので、飼い主さんは彼らと一緒にいろいろなことが楽しめます。

また安定した性格なので、犬の飼育初心者にも向いているといわれます。

◆パグと寄り添って落ち着いた時間を過ごせる

温和でフレンドリー。誰にでも心を開いてくれるパグ。安定した性格なので、ちょっとしたことでヘソを曲げたり、ビクビクすることが少ない犬種です。パグのおおらかな雰囲気に触れていると、飼い主さんの心もやすらぐはず。まったり犬との暮らしを楽しみたい人にはおすすめの犬種です。

また、愛玩犬として作出されたので基本的には人のそばにいたがります。飼い主さんは、かわいらしい愛犬の姿に癒やされる。パグは飼い主さんに甘えられて満足、とお互いに素敵な時間を過ごせるでしょう。

◆いろいろなオモチャで一緒に遊ぶことができる

短頭種なので、長時間の運動や激しい運動には不向きです。アウトドアやスポーツを愛犬と楽しみたい人には向いていない犬種でしょう。

ただ、オモチャで遊んだりボール投げをしたりと、飼い主さんと遊ぶことは大好き。愛犬と仲良く遊びたいという飼い主さんにはぴったりです。中には走ることが好きなパグもいます。社会化が進んだらドッグランなどで走らせてあげるのもいいでしょう。

ただし先にも書いたように、気道が短く、曲がっているので長時間の激しい運動はあまり向いていません。また、暑さ寒さにも弱い犬種なので飼い主さんの注意が必要です。

◆フレンドリーなので一緒に出かけられる

犬を飼ったら一緒にお出かけしてみたいと考える飼い主さんは多いでしょう。パグは他の人や犬に友好的な子が多いので、外出しやすい犬種です。体力がある犬種ではないので、キャリーバッグやカートを用意しておくと飼い主さんも安心して外出を楽しめます。

パグ自身も飼い主さんと出かけることが好き。ぜひいろいろな場所に連れて行ってあげましょう。お出かけを始める前に、社会化を進めておき、いろいろな物事に慣らしておくことが大切です。また、外出が好きでない子もいるので、愛犬の性格を見極めてあげましょう。

パグ　ちょっと気になるQ&A

Q お年寄りとの相性は？

マイペースで穏やかな性格であり、長時間の散歩を必要としない犬種なので、お年寄りにも飼いやすいです。まったりのんびりした暮らしができるでしょう。太りやすい面があるので運動量はしっかり確保してあげて。

Q 子どもとの相性は？

パグはとても安定した性格で、少しのことでは動じません。子どもの大声や突然の動きを怖がってしまうこともほとんどありません。お子さんがいる家庭でも飼いやすい犬種です。

パグはとても家族思いなので、子どもともよい関係が築けるはずです。

Q 留守番は得意？

人が好きなパグですが、留守番が苦手なわけではありません。パグはとても順応力が高いので、留守番という環境にもすんなり適応できるでしょう。きちんとトレーニングすれば、留守番は問題なくできるようになります。平日に長く留守番をさせるようだったら、休日にたっぷり愛犬との時間を取ってあげるなど、生活に工夫を。

Q 多頭飼いは向いている？

パグは環境に順応する能力が高い犬種。だから多頭飼いの環境にもなじみやすいです。パグ同士でもうまくいきますし、他の犬種でも大丈夫です（個体差があるので、全員がそうとは限りません）。相手が1頭飼いを好むような犬種だとうまくいかないことも。

また安易な多頭飼いは、犬の生活をダメにしてしまいます。多頭飼いにかかる労力、金額、先住犬の性格などをしっかりと考えてからにしましょう。

Column

犬を飼うためのお金ってどれくらいかかるの？

犬を飼うためには、それなりのお金がかかります。知らないで飼い始めると、「こんなにかかるの？」と驚くかもしれません。

まず最初に必要なのが、子犬の購入資金です。血統や毛色、ペットショップやブリーダーによって変わりますが、パグはだいたい1頭20～30万円前後になります。そして、子犬のために必要な道具（P.30を参照）の購入資金。高いものから安価なものまでありますが、全部をそろえると数万円はかかります。

犬と暮らすうえでかかる基本の費用

準備
- 子犬の購入費用
- 準備アイテム購入費用

パグならばだいたい20～30万円前後が相場です。サークル、トイレ、首輪や食器、フードなど日常品をそろえる費用、畜犬登録・予防接種などにかかる費用を合わせて3万円前後を見ておくといいでしょう。

毎月かかるもの
- フード代、オヤツ代
- トイレシーツ代

ドッグフードやオヤツ、トイレシーツなどの消耗品で、最低でも月に1万円程度はかかります。フードの値段によってかなりの差が出てきます。また、毎月ではないですが、オモチャ代やトリミング代なども必要です。

年にかかるもの
- 狂犬病予防接種費用
- フィラリア予防費用
- 混合ワクチン接種費用
- ノミ・ダニ予防費用

毎年春の狂犬病予防接種は義務づけられています。だいたい3000円程度です。感染症やフィラリア予防なども行うのが一般的です。その他、健康診断や検査などを入れると毎年3～5万円は医療費にかかる計算です。

実際に犬と暮らし始めると、まず絶対に必要になるのがフード代。与える量は注意すべきとはいえ、オヤツも用意しておきたい飼い主さんは多いでしょう。こちらも高価なものから割安のものまで千差万別です。

その他、日常生活でいえばトイレシーツも消耗品です。オモチャ遊びが大好きな子だったら、オモチャも必要になります。

また、かわいい愛犬と一緒に出かけたくなる飼い主さんも多いはず。愛犬を喜ばせるためにドッグランに出かけたり、仲良く旅行に出かけたりとレジャーにかける出費は、人だけのときよりも多くかかるようになります。

忘れてはいけないのが光熱費。パグはとても暑さに弱い犬種ですから、夏場の冷房は欠かせません。電気代は確実にかさみます。

パグは丈夫な犬種ですが、皮膚疾患や眼のトラブルが起こりやすい傾向もあります。病院通いになることも……。さらに、シニア犬の介護も考えなくてはいけません。犬の寿命が延びた現代では、愛犬にかかる生涯医療費は総額100万円以上ともいわれています。

犬を飼うときには、こういったかかるお金のことも考慮に入れて、生涯十分に世話ができるか考えたうえで家族に迎えましょう。

2

子犬を迎える

いよいよパグの子犬を迎えるというときに、まずは知っておきたいこと、準備しておきたいことをまとめてみました。

パグを飼いたいと思ったら

迎え入れる方法は主に3パターンになります

・どの方法にもメリット・デメリットがある

子犬との出会いは時に運命的です。素敵な縁を逃さないためにも、子犬の購入方法をいくつか紹介しましょう。どの方法もメリット・デメリットがあるので、ご家庭に一番合った方法を選んでください。

① ペットショップから迎える

犬を飼いたいと思ったとき、一番最初に思い浮かべるのがペットショップでしょう。ほとんどのショップでは子犬を抱っこさせてくれるので、それでメロメロになってしまい、連れて帰る飼い主さんも少なくありません。

ペットショップのメリットは身近であり、道具などがそろえやすいこと。店舗によってはいろいろな相談ができることです。その一方で、残念なことに、あまり質の良くないペットショップが存在することも事実です。店内の様子、店員の態度、アフターフォローがあるかなど見極めてから購入するといいでしょう。次ページのポイントを参考にしてください。

② 専門ブリーダーから迎える

一番オススメしたいのがこの方法。専門的知識が豊富なブリーダーがしっかりした考えのもと、良質な子犬をブリーディングしているので、理想的な犬に出会える可能性が高くなります。

ブリーダー購入のメリットは親犬が見られること。子犬がどのように成長するのか、予想がつきやすい点です。

また親元から離さずに生育しているので、親犬やきょうだい犬との触れあいを通して、大事な最初の社会化ができていることも大きなメリットです。

③ インターネットを活用する

最近ではインターネットを通じての子犬販売も増えてきました。すぐ探せる、気に入った子を探しやすいなどの利点もありますが、悪質な業者もいて希望した子犬と違う子犬が送られてくるなど、トラブルも聞きます。業者の評判は必ず確認しておくこと。

また、現在は法律で子犬は対面販売が義務づけられています。ネットでリサーチしてもよいですが、必ず子犬と実際に会って状態を確認しましょう。

それぞれの購入方法のメリット・デメリット

ペットショップ

メリット
- 子犬を見られる
- すぐに購入できる
- 道具などがそろいやすい

デメリット
- 極端に怖がり、病気がちなど、質のよくない子犬がいることも
- 店によって対応がまちまち

ペットショップ選びのポイント

店内のにおいはしないか
ショップに入ったとたん、独特なにおいがこもっていたら掃除がいい加減なのかも。子犬やケージの衛生状態も心配です。排泄物などで汚れていないか、確認しましょう。

接客態度が悪くないか
質問に誠実に応えてもらえるか。店員が犬に対して知識を持っているか。店員の態度はショップオーナーの考え方そのものです。子犬の育て方について尋ねたとき、納得いく答えが返ってこなかったら要注意です。

アフターフォローがしっかりしているか
購入直後に子犬が病気になってしまった、死んでしまったときに、どのような対応をしてくれるのか。保障制度のようなものがあるか確認しておくといいでしょう。獣医師と提携して健康チェックをしているショップはさらに信用がおけます。

ブリーダー

メリット
- 実際に子犬が見られる
- 母犬、父犬が見られる
- 子犬の生育環境を知ることができる
- 良質な子犬が迎えられる
- 子犬期の社会化が身につきやすい

デメリット
- ブリーダーを見つけにくい
- 希望する子犬がいない場合がある
- 悪質ブリーダーがいないわけではない

ブリーダー選びのポイント

犬舎が清潔か(犬舎を見せてもらえるか)
汚れていたり、独特のにおいがこもっている犬舎は衛生状況が不安です。見学したい旨を伝え、にべもなく断られる場合も避けたほうがよいでしょう。

子犬は母犬と一緒に暮らしているか
生まれてから生後2ヵ月頃までは母犬のそばにいて、きょうだい犬とともに犬社会のことを教わっています。もし一緒に暮らしていないなら、理由を聞いてみましょう。

犬種にたいしてどのような考えを持っているか。
ブリーダーは犬種の専門家です。しかし、中には次から次に人気犬種に手を出したり、お金のために過度な繁殖をしてしまうブリーダーもいます。評判を必ず確認しましょう。

ネットショップ

メリット
- 即時性がある
- たくさんの情報が収集できる
- 子犬の比較がしやすい

デメリット
- ブリーダーさんが遠方のこともある
- 悪質な業者がいないわけではない

ネットショップのポイント

購入前に子犬や親犬に会わせてくれるか
ネットショップでも現在は動物愛護法で子犬の販売は対面販売が義務づけられています。事前に会って犬や飼育の様子を確認しましょう。

子犬の出自がしっかりしているか
ネットショップでは、複数のブリーダーから子犬を集めて販売していることも。どのようなブリーダーなのか、確認しておくといいでしょう。

アフターフォローがあるか
ペットショップと同様、購入直後に子犬が病気になってしまった、死んでしまったときに、保障制度のようなものがあるか確認しておくといいでしょう。

その他の購入方法
里親募集サイト、保健所から犬を迎える方法もあります。ただし、迎えられる犬はほとんどが成犬です。初めて犬を飼う初心者には少しハードルが高くなります。また、知り合いの家で生まれた子犬を引き取る、という方法もあります。

子犬の選び方を知っておこう

かわいらしさよりも性格で選びましょう

●子犬の遊び方を見れば ベースの性格がわかる

子犬を選ぶとき、ついかわいらしい見た目を優先しがち。しかし、何よりも大事なのは性格と、飼い主さんとの相性です。1頭だけでケージにいるときだけでなく、複数の犬と広い場所で遊んでいる姿を見てみるといいでしょう。飼い主さんの育て方で子犬の性格は変わってきますが、ベースになる性質を見て取ることができます。

例えば、きょうだい犬たちと激しくじゃれあったり、初めて会った人に対してすぐに近寄ってくるタイプ。陽気で元気、社交性のあるタイプですが、その分パワフルで相手に飛びかかったりという行動が出てくることも。

また、人の姿を見て犬舎に逃げ込むような子は、それだけ性格がシャイ。警戒心が強くて、社会化に時間がかかるタイプの可能性もあります。

飼い主さんのフィーリングも大事です。少しシャイだと感じても、この子犬だったら育てたいと思った感覚は大切です。それが出会いなのです。

●オス・メスよりも 性格と相性を重視

オスとメス、どちらを飼うか。これは個人の好みの問題であり、どちらがいい、悪いとはいえません。

オスの特徴には、ヒート（シーズン）がない、去勢すると甘えん坊で子どもみたいな性格が残りやすい、などがあります。メスの特徴には、マーキングが少ない、情け深い性質が多い、などです。でも、メスでもマーキングする子もいるので一概には言い切れません。

体格は、どの犬種においてもだいたいオスのほうががっちりめ。全体的に骨が太く大ぶりです。メスのほうが顔や全体的な骨格が小さくなります。

どうしてもオス、メスの希望がある場合は別ですが、さほどこだわりがないのだったら、性別よりも子犬の性格、飼い主さんとの相性を優先させ、選択の基準にしてもいいでしょう。

子犬選びのためのボディチェック

鼻
適度な湿り気があり、つややかな色をしています。鼻水が出ている、カサカサしている、呼吸音が変などの状態は注意が必要です。

耳
左右のバランスがよく、内部はきれいなピンク色をしていること。いやなにおいがしたり、耳垢で黒く汚れていないか確認を。しきりにかいたり、床に押しつけているなら異常があるのかも。

目
生き生きと輝き、澄んだ瞳をしている。目やにや涙で目の周りが汚れていないか確認しましょう。先天的な視覚障害がないか、ボールやペンライトの光を追わせて判断を。

口
歯茎や舌がきれいなピンク色をしていること。さわれるようならば口を開けて歯の並びや歯茎の様子を見られるといいでしょう。口臭もチェック。

皮膚
程よく弾力があり、毛艶がよい。カサついていたり、フケや汚れがないか確認しましょう。べたついた感触があるなら、皮膚疾患の可能性が。

行動
活発に動いている、気持ちよさそうに寝ているのは健康な証拠。動きが鈍い、食欲がなさそうといった場合は、どこかに問題がある可能性が。

肛門
周囲に便がついていないか確認を。ベタベタしていたり汚れが残っていたら、内臓に何か疾患がある可能性があります。

足
足の指の握りがしっかりしていて、べたっと指が開いていないか。かかとがついていないか確認。

子犬に見られる性格

子犬の性格は主に4つに分かれます。

●イケイケタイプ
好奇心旺盛で、何事にもまず我先に突進していくタイプ。全体的に怖い物知らずで、パワフルでやんちゃ。

●マイペースタイプ
少し様子見をしてから近寄ってくるタイプ。慣れるのに時間が少しかかりますが、慣れるとてもフレンドリーです。

●フレンドリータイプ
好奇心旺盛で楽しそうだけど、イケイケほど勢いはないタイプ。程よくやんちゃで、程よく落ち着いています。

●シャイタイプ
初めての人には怖くて近寄れないタイプ。すべての物事に対して、慣れるのに時間がかかります。

タイプによってトレーニングの方法も異なってきます。詳しくはP.43を確認してください。

迎える前に準備しておきたいもの

できるだけ事前に準備をしておくと安心です

準備物を嫌がることも臨機応変に動こう

迎える子犬が決まったら、必要な準備をしておきましょう。子犬が来た日から、慌ただしくも楽しい日々が始まります。できるだけ事前準備をしておくに越したことはありません。

ベッドやトイレトレイの形など、準備したものを子犬がいやがったり、使わなかったりする場合もあります。絶対にこれでなくてはいけない、という思い込みを捨てて、自分の愛犬は好むものはどんな形でどんな材質なのか、いろいろと試すことも必要です。

サークル

サークルを子犬が安心して落ち着いていられるスペースにしてあげましょう。中にベッド、食事用の食器などを置きましょう。設置する場所は居間やリビングなど、家族の集まる場所。さまざまな人に慣らせる社会化にもなりますし、子犬に寂しい思いもさせません。

クレート

サークルとは別にクレートを用意しておいて、子犬の休憩場所にしてもかまいません。小さい頃からクレートに慣らせておくと移動や外出が楽になります。トレーニング方法はP. 46を参考にしてください。

ベッド

簡単に洗えるものが衛生的で、オススメです。迎えた季節によって、素材や形状を考慮しましょう。

フードボウル

フード用、水用のふたつを用意します。適度に重さがあってずれないものがオススメ。ステンレス製、陶器製がいいでしょう。サークルに取り付ける形の自動給水器ではうまく水を飲めない犬もいるので、ボウルに汲んでおくほうがベターです。衛生には気をつけて。

フード

迎えた当初は、ペットショップやブリーダー宅で食べていたフードを食べさせたほうが安全です。月齢に合わせてフードを変えていきましょう。

トイレ&トイレシーツ

子犬の頃からトイレトレーニングを行って、室内排泄ができるようにしておくと楽ちんです。トイレトレイを使わずに、シートだけでもOK。サークル内に置くのが一般的ですが、ベッドに近すぎるといやがる子がいます。

グルーミンググッズ

いわゆるお手入れグッズです。コームやブラシをそろえておきましょう。来た直後は使いませんが、追々と爪切りや爪ヤスリもそろえて、小さい頃から爪切りに慣らせておくと、シニア犬になってもお手入れが安心です。

首輪やリード

散歩に行くまではまだ間がありますが、細くて軽い首輪とリードをつけて、慣れさせておくのは悪いことではありません。3～4ヵ月までは首輪とリードが一体になったものがオススメ。絡んだりしないように注意を。

オモチャ

愛犬と遊ぶことは大事なコミュニケーションの一環です。いくつかオモチャを用意して、愛犬が好むもので遊んであげましょう。何を好むかは愛犬次第なので、形状や用途の違うものをいくつか用意しておくとよいです。知育玩具もそろえておくと、愛犬のトレーニングにも役立ちます。

部屋の環境を整えておこう

子犬が遊んでも安心な部屋づくりを目指して

●好奇心旺盛な子犬が危険にならないように

子犬を迎えると決まったら、用品の準備と同時に進めたいのが環境の整理です。どの犬種でも、子犬は体が未熟で、体調も不安定なもの。けれど、興味あるものに近づいたり、挑戦したりする子もいます。それがケガや体調を崩す原因になることも。思わぬアクシデントを避けるために、安全で快適な環境作りを心がけましょう。

◆サークルは居間に設置する

まず、先にも述べたように、子犬のいるサークルは人が集まるリビングや居間に設置するといいでしょう。飼い主さんの様子を見られるので、犬が寂しくありません。さまざまな物音にも慣れやすくなります。

子犬は暑さ寒さに弱いうえに体温調節がまだうまくいきません。サークルに直接エアコンの風が当たらないほうがベスト。窓際で直射日光が当たりすぎるのも夏場は絶対にNGです。

◆床はキレイにしておくこと

せっかく愛犬を迎えたのだから、サークルから出して一緒に遊ぶことも多いはず。そのためには部屋をきれいにしておきましょう。輪ゴムやヘアピンなど小物が落ちていると、好奇心からくわえてしまうことも。誤飲につながります。子どもがいる場合は、食べこぼしにも注意。愛犬が遊ぶ床は徹底的にキレイにしておきましょう。

◆噛んではいけないものはカバーを

好奇心旺盛な子犬は不思議なものを噛んで確認しようとします。観葉植物や電源コードなど、噛まれたくないものや危険なものはカバーを付ける、隠すなどして対策を取りましょう。観葉植物には毒性があるものもあるので、食いしん坊な子犬には注意を。

◆家具が転倒しないよう予防を

バランスの悪い家具は、夢中で遊んでいる子犬が激突して倒してしまう可能性があります。子犬が遊ぶスペースから撤去するか、倒れないように滑り止めなどをしておくといいです。

また、活発な子犬ならばソファに飛び乗ろうとすることも。転落して骨折というケースは少なくありません。ローソファが安心です。もしくはステップを用意して、そこから上らせるようにしてもいいでしょう。

●どの程度予防するのか家族で話し合っておく

パグには多くありませんが、壁紙を剥がしたり、イタズラをする子犬もいます。サークルから出すときに犬が遊ぶ場所を限定すると安心です。家具や内装への予防度合いは、各家庭で違います。家族で話し合うといいでしょう。

室内環境を整えておこう

窓

急に部屋から飛び出して事故にあったり脱走したりしないよう、開け閉めには注意を。

サークル

犬が寂しくなく、落ち着ける場所に設置。人が頻繁に通るドアの脇や直射日光があたる窓際はよくありません。

ソファ

上ろうとして落ちたり、飛び降りて骨折はよくあるケース。ローソファにする、ステップを設置するなどして、対応しましょう。

床

子犬がくわえたりしないよう、小物や食べこぼしに注意を。滑り止め対策もしておきましょう。

家具

子犬がぶつかって倒したりしないよう、転倒防止を。子犬期だけでも片づけてしまうのも手です。

家族でルールを決めておこう

子犬が混乱しないように統一を図りましょう

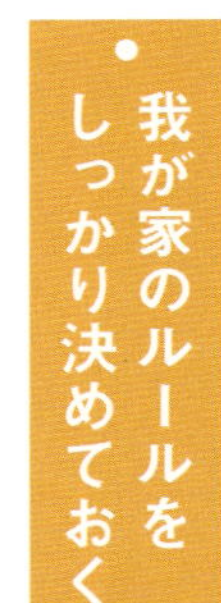

犬を飼うときには家族全員の同意が理想

子犬を迎えるときには、基本的に家族の全員一致が望ましいです。ママは飼う気満々だけど、パパはあまり乗り気ではない……。実際に飼い始めてみるとパパが一番メロメロになることも多いのですが、できれば家族全員の同意が最初から欲しいところ。誰かひとりだけで世話をしていると、その人が体調を崩したときに困ります。

また食事や散歩の世話は当番やローテーションを決め、できるだけ家族全員で担当しましょう。犬からの愛情がひとりに偏らなくなります。

我が家のルールをしっかり決めておく

トレーニングに対して、家族の方針を決めておくことも重要です。例えば、ママはソファに乗ってもいいというのに、パパはダメという。それでは犬は混乱してしまいます。また、ママはオスワリ、パパはシットというように、言葉が違っていても混乱してしまいます。犬によってはいやになって、飼い主さんのいうことに従わなくなる場合も。

トレーニングの方法、どこまでトレーニングするかは、それぞれの家庭で違ってかまいません。しかし、我が家の愛犬には「どの行動をしてほしいのか、どの行動がダメなのか」を、家庭内で統一しておきましょう。

子どもにもルールを守ってもらう

ルールに関しては、子どものいる家でとくに注意が必要です。親が知らないうちに人間の食べ物を与えてしまうなど、禁止事項を破ってしまうことがあります。また、子どもでよくありがちなのが、無意味にオスワリなどをさせたのにごほうびも与えないこと。犬の不信感を募らせるので、できればやめたほうがいいでしょう。

飼い主さんとの関係がしっかりできるまでは、小さい子どもと犬だけにしないほうが安心です。

家族で決めておきたいこと

- 家庭内で犬にしてほしいこと、ダメなことを決めておく
- 上記で決めたダメなことは家族全員で犬にさせないよう、徹底する
- トレーニングに使う言葉を決めておく

お迎えする日の心構えとは？

緊張している子犬に無理をさせないで

・迎えにいく時間は なるべく午前中で

いざ子犬を迎える当日。なるべく午前中に引き取りに出向き、その日の午後から翌日まで一緒にいられるような日を選びましょう。

午後や夕方だと、明るいうちに新しい環境になれさせることが不十分のまま夜を迎えてしまい、子犬をいっそう心細くさせてしまいます。

・車で迎えに行くなら ふたり以上が理想

車で引き取りに行く場合は、なるべくふたり以上で行きましょう。運転手以外の人が膝に毛布などを敷き、その上に子犬を乗せて安心させるようにやさしく撫でてあげてください。

ひとりで引き取りに行くならば、運転の邪魔にならないようにキャリーやクレートに入れたほうがいいでしょう。動かないように助手席に乗せて、時々声をかけたり様子を見たりしてあげてください。初めての移動で子犬はドキドキしているはずですから。

車酔いや緊張で、吐いたりオシッコをしたりする場合もあります。新聞紙や古いタオル、ティッシュペーパー、トイレットペーパー、ビニール袋などは必ず持っていきましょう。

タクシーを利用する場合も必ずキャリーやクレートを用意。乗車前に犬が乗っても大丈夫か確認しましょう。アレルギーや犬嫌いの運転手もいます。

・構い過ぎは厳禁！ 子犬のペースに合わせて

今まで暮らしていた環境から離れて新しい環境に来た場合、ストレスや緊張から体調を崩すことがあります。これをニューオーナーシンドロームといいます。下痢や嘔吐、食欲不振などが見られ、家に迎えてから2～3日後がもっとも症状が出やすくなります。

子犬が来たときは、どうしても家族のテンションがあがり、1日中子犬にかまってしまいがち。家族で代わる代わる抱っこしたり、どのしぐさに対しても嬌声を上げたり、写真をずっと撮りたくなる気持ちもわかります。

しかし、新しい環境に初めて来た子犬は緊張していますし、移動だけでかなり疲れています。もともと丈夫なパグでも、体調を崩しやすくなって当然です。まずは準備していたサークルに入れて子犬を休ませてあげましょう。1週間くらいは様子を見ながら、子犬のペースで触れあいましょう。

ただし、個体差があるので、初日からまったく平気で元気に遊んだり、体調を崩さないままの犬もいます。

子どもに子犬との触れあい方を教える

注意したいのは子どもがいる家庭です。子犬を見ると歓声をあげる子どもは多いもの。突発的な動きや大声は、それを初めて見た子犬に大きな緊張を与えます。また、子犬がかわいくて長時間かまうことも、家に来たばかりの子犬には負担になります。

やさしく見守ってあげるよう、犬との触れあい方を大人がきちんと説明してあげてください。来たばかりの子犬を、子どもだけの中に置くことは絶対にやめておきましょう。

Q 健康診断はいつ行けば？

お迎え当日に動物病院に連れて行ってもよいですが、その日は落ち着くのを待って翌日でも構いません。でも、早めのタイミングで健康状態をチェックしてもらいましょう。

Q 子犬とまったく遊んではいけない？

子犬の体調が悪くないようだったら、5～10分程度なら遊んでもOKです。子犬は体力の続く限り遊んでしまうので、飼い主さんが切り上げてください。寝ている子犬を無理に誘うのではなく、子犬がじゃれついてきたら遊びます。

Q 子犬の生活ペースを教えてほしい

子犬は基本的に、トイレ→遊び→休憩→トイレ……といったサイクルで生活します。個体差があるので、その子のペースに合わせてください。休憩はサークルもしくはクレートで、と決めておくとトレーニングにもなります。

Q 夜鳴きをすると聞いたのだけど……

夜鳴きはする子としない子がいます。もし夜鳴きをするようなら、飼い主さんが見える場所にサークルを移動しましょう。夜鳴きをしたら撫でたり、抱っこしたりして子犬を落ち着かせます。夜鳴きがクセにならないよう、家に慣れてきたなと思ったら無視することも必要です。また、昼間にたっぷり遊ばせてあげると、夜はぐっすりと寝る子も多いです。

血統書ってどんなもの？

その犬の「戸籍」のような大切なものです

●血統書は情報の宝庫

ペットショップやブリーダーさんから子犬を購入すると、血統書が送られてきます。この血統書には実はいろいろな情報が詰まっています。血統書を発行している団体はいくつかありますが、最も多いのは一般社団法人ジャパンケネルクラブ（ＪＫＣ）の血統証明書です。血統証明書は、血統登録された同一犬種の父母によって生まれた子犬に対して発行されるもので、人間に例えると「戸籍」のようなものにあたります。純粋犬種は、この血統証明書によって、本犬、両親から祖先まですべて同一の犬種であるということが証明されなければならなくなっているのです。

犬種には、それぞれ理想の姿を定めた「犬種標準（スタンダード）」と呼ばれるものがあり、固定された形態や特徴があります。純粋犬種の繁殖をする際は、優れた犬質の維持向上のため、生れた子犬が犬種標準により近くなることを目標にして繁殖計画を立てなければいけません。よい資質だけでなく、好ましくない資質についても、どの祖先より受け継がれているか、両親犬だけでなく祖先犬にまで遡り、過去にどのような犬が繁殖に使われていたのかを知る必要があります。ここで重要な役割を果たすのが血統証明書なのです。血統証明書には、その犬の数代前の祖先まで遡って記載されているの

血統書に記載されている情報

犬の名前、犬種名、登録番号や生年月日などの基本情報、DNA登録番号、マイクロチップ ID番号、股関節評価(犬種によっては表記のない場合もあります)、父親・母親の血統図、兄弟犬の情報、チャンピオン歴　など

で、きちんとした交配をするうえで大切な資料となるのです。ちなみに、きちんとした交配をしないとどういったことが起こるのか。姿形が理想形から外れる、といったこともありますが、それよりも怖いのが、遺伝的な病気が発生したり、性格的な難点を持ったりすることも考えられます。そういったトラブルを未然に防ぐためにきちんとしたブリーディングは大切であり、そのための情報が集約されたものが血統書というわけなのです。

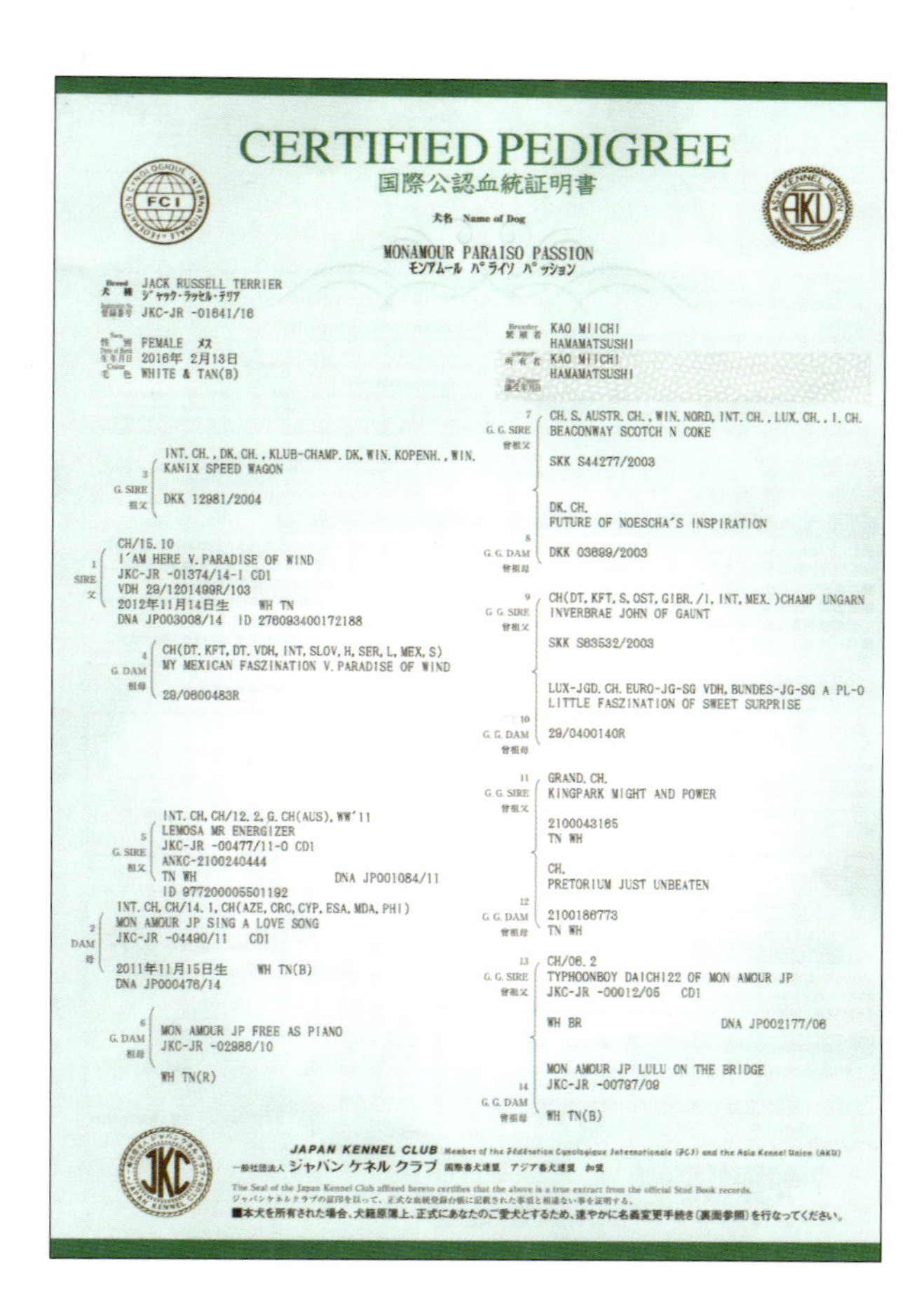

CERTIFIED PEDIGREE
国際公認血統証明書

犬名 Name of Dog
MONAMOUR PARAISO PASSION
モンアムール パライソ パッション

Breed 犬種 JACK RUSSELL TERRIER ジャック・ラッセル・テリア
登録番号 JKC-JR -01641/16
Sex 性別 FEMALE メス
Date of Birth 生年月日 2016年 2月13日
Color 毛色 WHITE & TAN(B)

Breeder 繁殖者 KAO MIICHI HAMAMATSUSHI
Owner 所有者 KAO MIICHI HAMAMATSUSHI

1 SIRE 父
CH/15.10
I'AM HERE V.PARADISE OF WIND
JKC-JR -01374/14-1 CD1
VDH 29/1201499R/103
2012年11月14日生 WH TN
DNA JP003008/14 ID 276093400172188

2 DAM 母
INT.CH,CH/14.1,CH(AZE,CRC,CYP,ESA,MDA,PHI)
MON AMOUR JP SING A LOVE SONG
JKC-JR -04490/11 CD1
2011年11月15日生 WH TN(B)
DNA JP000476/14

3 G. SIRE 祖父
INT.CH.,DK.CH.,KLUB-CHAMP.DK,WIN.KOPENH.,WIN.
KANIX SPEED WAGON
DKK 12981/2004

4 G. DAM 祖母
CH(DT.KFT,DT.VDH,INT,SLOV,H,SER,L,MEX,S)
MY MEXICAN FASZINATION V.PARADISE OF WIND
29/0800483R

5 G. SIRE 祖父
INT.CH,CH/12.2,G.CH(AUS),WW'11
LEMOSA MR ENERGIZER
JKC-JR -00477/11-0 CD1
ANKC-2100240444
TN WH DNA JP001084/11
ID 977200005501192

6 G. DAM 祖母
MON AMOUR JP FREE AS PIANO
JKC-JR -02986/10
WH TN(R)

7 G. G. SIRE 曾祖父
CH.S.AUSTR.CH.,WIN.NORD,INT.CH.,LUX.CH.,I.CH.
BEACONWAY SCOTCH N COKE
SKK S44277/2003

8 G. G. DAM 曾祖母
DK.CH.
FUTURE OF NOESCHA'S INSPIRATION
DKK 03699/2003

9 G. G. SIRE 曾祖父
CH(DT,KFT,S,OST,GIBR./I,INT,MEX.)CHAMP UNGARN
INVERBRAE JOHN OF GAUNT
SKK S83532/2003

10 G. G. DAM 曾祖母
LUX-JGD.CH.EURO-JG-SG VDH,BUNDES-JG-SG A PL-O
LITTLE FASZINATION OF SWEET SURPRISE
29/0400140R

11 G. G. SIRE 曾祖父
GRAND.CH.
KINGPARK MIGHT AND POWER
2100043165
TN WH

12 G. G. DAM 曾祖母
CH.
PRETORIUM JUST UNBEATEN
2100186773
TN WH

13 G. G. SIRE 曾祖父
CH/06.2
TYPHOONBOY DAICHI22 OF MON AMOUR JP
JKC-JR -00012/05 CD1
WH BR DNA JP002177/06

14 G. G. DAM 曾祖母
MON AMOUR JP LULU ON THE BRIDGE
JKC-JR -00797/09
WH TN(B)

JAPAN KENNEL CLUB Member of the Fédération Cynologique Internationale (FCI) and the Asia Kennel Union (AKU)
一般社団法人 ジャパン ケネル クラブ 国際畜犬連盟 アジア畜犬連盟 加盟
The Seal of the Japan Kennel Club affixed hereto certifies that the above is a true extract from the official Stud Book records.
ジャパンケネルクラブの証印を以って、正式な血統登録台帳に記載された事項と相違ない事を証明する。
■本犬を所有された場合、犬籍原簿上、正式にあなたのご愛犬とするため、速やかに名義変更手続き（裏面参照）を行なってください。

よいブリーダーの見分け方

最近ではペットショップではなく、ブリーダーさんから直接子犬を迎える、という方も増えてきました。ただ、ブリーダーといっても、良いブリーダーさんもいれば、そうではないブリーダーさんもいます。愛情深く育てて、衛生的、健康的な環境でブリーディングをしているということは大前提ですが、それ以外にどういったところで判断すればよいのでしょうか？　犬の繁殖にはその犬種についての深い知識に加えて、遺伝や獣医学など、さまざまな知識が必要です。そうでないと、遺伝的な病気のリスクや性質や気質といったところで不安定な子犬を生み出すことになり、飼育する際にリスクが大きくなってしまいます。これらの知識をきちんと持ち、高い犬質の犬を作ることができるブリーダーさんを選ぶ、ということが、まず、大きなポイントになります。そのための判断基準のひとつとして、JKCとマースジャパンが毎年、ドッグショーなどで高い犬質の犬を作出したブリーダーを表彰する、ペディグリーアワードという賞があります。こういった賞を受賞しているブリーダーから迎える子犬であれば、犬質などの部分ではリスクが軽減されるはずです。あとは実際にブリーダーさんに会って、話をする中で判断するのがよいのではないでしょうか。

Column

犬を飼ったら住んでいる市町村区で登録を行うこと

犬を飼ったときには畜犬登録を行わなければいけません。畜犬登録とは、飼い主さんが居住している市町村区に飼い犬の登録をすること。生後91日以上の犬を飼っている場合、飼い主さんが行うよう法律で定められています。どこで誰に犬が飼育されているか把握できるようになり、万が一狂犬病が発生した場合に迅速かつ的確に対応できるのです。

しかし、飼い始めてすぐに登録できるわけではありません。飼い主さんはまず、犬を狂犬病予防注射に連れて行きましょう。狂犬病予防注射は生後90日以降の犬が年1回受けなくてはいけないもので、4月から6月にかけて接種します。動物病院でも受け付けていますし、市町村区によっては4月頃に狂犬病の集団予防接種が開かれているのでそちらで接種してもOK。

狂犬病予防接種を受けると「狂犬病予防注射済証明書」が発行されます。この証明書を持って、発行から30日以内に畜犬登録に行きます。どの部署で登録を行うのかは市町村区で異なります。行政のホームページに案内があるので、場所や交付料を確認しておくとよいでしょう。申請時に犬を同行させる必要はありません。

また狂犬病予防接種をしたときに、動物病院が代行して畜犬登録を行ってくれる場合もあるので、聞いてみてもいいでしょう。

畜犬登録が終わると、「狂犬病予防接種済証」「犬鑑札」の2種類の金属プレートが渡されます。「犬鑑札」は犬の戸籍のようなもの。どこの誰に飼われているかの大切な標であり、万が一愛犬が迷子になってしまったとき、犬鑑札があれば発見の確率が高くなります。必ず首輪などに装着しましょう。

畜犬登録することで、年1回の狂犬病予防接種の案内も届くようになります。接種後にその年度の「狂犬病予防接種済証」が発行されるので、付け替えるのを忘れないこと。

もし引っ越しする場合は、畜犬登録も変更が必要です。方法は各市町村区で異なるので転出先、転入先で確認するとベストです。

畜犬登録の流れ

犬を迎え入れる

▼

生後90日を過ぎたら、動物病院などで狂犬病予防接種を受ける

▼

「狂犬病予防注射済証明書」をもらう

▼

発行から30日以内に市町村区で畜犬登録を行う

▼

「狂犬病予防接種済証」「犬鑑札」の金属プレートをもらう

3

子犬の育て方

子犬を迎えてから成犬になるまでの期間はとても大切な学びの時間でもあります。その後の暮らしのためにも学ばせたいことについて、中西典子先生に訊いてみました。

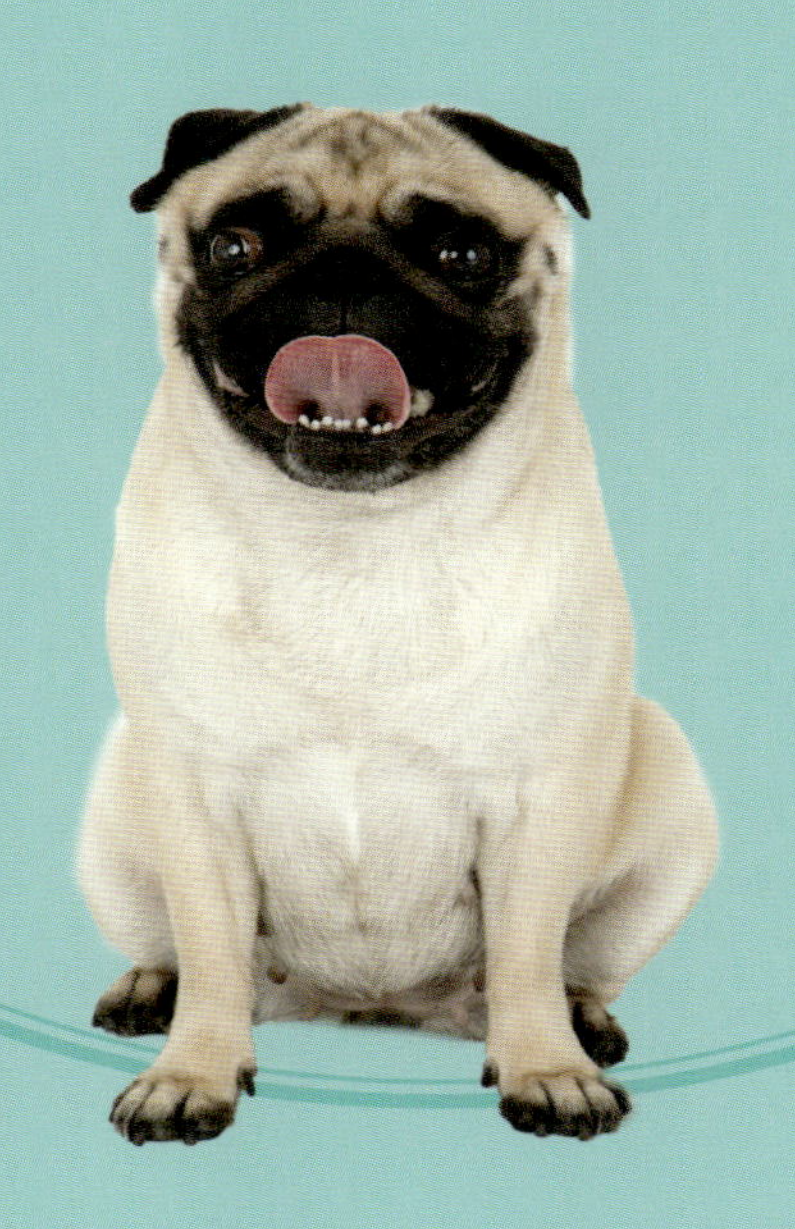

教えておきたいトレーニング

人間社会で暮らすためにやってほしいことを教えます

してほしいこと、ダメなことを教えるのがトレーニング

犬のトレーニングとは、人間とは違う生き物である犬に人間社会で暮らしていくためのルール、マナーを教えることです。子犬は最初、飼い主さんがしてほしいこと、してほしくないことの区別がつきません。本能のままに噛んだり吠えたりする犬に育ってしまったら、周囲に迷惑をかけてしまいます。

といっても、先ほど書いたように、犬は人間と異なる生き物です。犬からすれば当然の行動なのに闇雲に禁止してしまっては、犬も困ってしまいます。また、あれもこれも禁止したり怒ってばかりでは、飼い主さんも犬との暮らしが楽しめないでしょう。

しつけは人間の都合を押しつけるものではなく、犬がどうしてその行動をするのか理解したうえで「してほしいこと、ダメなことを教えてあげる」トレーニングであり、学習なのです。

また、犬のことを考えた正しいしつけ（トレーニング）を行えば、犬と飼い主さんのコミュニケーションにもなり、関係性が深められます。

大切なのは、犬の性格に合わせたトレーニングを行うこと。やんちゃな性格なら落ち着かせる方法を、シャイな性格ならトレーニングよりも社会化を重視。愛犬の性格に合わせたトレーニングを考えましょう。

トレーニングが必要な理由

- 人とは違う生き物である犬に人間社会でのルール、マナーを教えてあげられる
- してほしいこと、ダメなことを教えてあげられる
- 正しいトレーニングを通じて、犬との関係性が深まる

性格から選ぶ、教えておきたいトレーニング

フレンドリータイプ

- 興味あるものに近寄ってくる
- 程よく活発
- 気持ちが上がると声に出る

- もともとのバランスがよいので、無理にしつけを押しつけない
- オスワリ、マテで落ち着かせる方法を教える
- クレートトレーニングで落ち着せる方法を教える
- 怖いものがあったら慣らしてあげる

突撃タイプ

- 興味あるものすべてに突撃
- テンション高くいつも動いている
- 声に出やすい

- オスワリやマテで落ち着かせる方法を教える
- クレートトレーニングで落ち着かせる方法を教える
- 好きな遊びを見つけて、たくさん遊んであげる
- 楽しく元気に犬と向き合う

臆病タイプ

- 初見のものには、だいたい近寄れない
- 動きが固まりやすい
- 恐怖から声に出やすい

- トレーニングよりも社会化を重視する
- クレートトレーニングで安心できる場所を作ってあげる

様子見タイプ

- 興味があるものをしばらく観察してから寄ってくる
- マイペースに動く
- あまり声には出ない

- もともとのバランスがよいので、無理にしつけを押しつけない
- オイデで、飼い主さんのそばに来たらいいことがあると教える
- 楽しく遊ぶ方法を教えてあげる

トイレ トレーニング

室内でのトイレを覚えてもらうと、排泄のためだけに外に出る必要がなくなります。シニアになっても安心。サークルトレーニングと同時に行うと楽ちんです。

●サークルを使ったトレーニングが楽ちん

子犬が来たその日から始めたいのがトイレトレーニングです。犬、とくにオスはマーキングをして、自分の縄張りを主張する傾向があります。これは犬の本能に基づいたものなので、叱っても意味はありません。縄張り意識が出てくる前から、「オシッコはトイレシーツで」と教えてあげましょう。

愛犬があちこちでオシッコをするからと、家中にトイレシーツを敷いてある家もありますが、犬は「トイレシーツの敷いてある場所＝オシッコをしていい」と覚えてしまうので、解決にはなりません。トイレシーツの置き場所を限定して、排泄はそこで行うと愛犬に覚えてもらったほうがいいでしょう。

本書では、子犬の頃からやっておきたいトイレトレーニングとしてサークルを使った方法をお伝えします。サークルトレーニング（P.46〜47参照）と一緒に進めると効率がよいです。また、子犬に限らず、根気よく教えれば成犬でもトレーニング可能です。

散歩に行くようになると、外での排泄を好み、室内でしなくなる犬もいます。でも、「排泄したらごほうびをあげる」ことを徹底しておけば、室内トイレをしなくなることはないはずです。

パグのトイレトレーニングで気をつけること

- 体の大きさとトイレトレイの大きさが合っていない
- トイレトレイの材質、高さなどが犬と合っていない
- 汚れたトイレシーツをいつまでも片づけない

※成長するにつれ、トイレトレイから体がはみ出てしまう犬もいます。体が全部収まるサイズのトイレトレイを使い、排泄を促す際は下半身がトイレトレイに入っているのか確認しましょう。

犬の排泄しやすいタイミング
●寝起き
●食事の後
●遊んだ後
●ウロウロし始めた時
1 排泄しそうな時にサークルに入れます。
2 ごほうびを使ってトイレトレイに誘導を。体が全部乗るように注意しましょう。
3 柵などを使って、トイレスペースとベッドスペースを物理的に区切ります。
4 静かな声で少し遠くから「ワンツーワンツー」と声をかけましょう。
5 排泄が終わったらごほうびをあげます。
6 柵を取り払い、サークルから出してもいいでしょう。

クレート
トレーニング

クレートになれておけば外出や避難の際にも安心。愛犬にとっても心安まる場所ができあがります。トレーニングの内容は、ケージやサークルにも流用できます。

ごほうびを使って自主的に入るのを待つ

トイレトレーニングと同様、子犬が家に来た時から始めたいのがクレートトレーニングです。クレートとは、プラスチックでできた犬のキャリーケースのこと。そのクレートに犬が落ち着いて入っていられるようにすることがクレートトレーニングです。

クレートに入れていないと乗せられない公共交通機関もあります。また、災害時には犬は同行避難が基本ですが、避難所ではクレートやキャリーケースに入れることが推奨されます。クレートで落ち着いて過ごせることは、人との暮らしにおいて必要なことです。

クレートトレーニングでは犬が自主的にクレートに入ることが大切です。ごほうびをクレートに入れて、犬が自分から入るのを待ちましょう。犬が中に入ったら、犬の鼻先にごほうびを寄せて体を回転させると顔が正面に向いて、犬が後ずさりで出てしまうことがなくなります。扉を閉める時間を徐々に長くしていきましょう。

また、就寝場所をクレートにしておくのも有効です。「クレート＝安心できる場所」と犬が覚えやすくなるからです。お気に入りのオモチャや毛布などを入れておいてあげましょう。

サークルやケージのトレーニングにも流用できる

クレートトレーニングの方法は、サークルやケージにも流用できます。ごほうびで誘導して中に入れ、扉を閉めます。少しずつ扉を閉める時間を長くしていきましょう。サークル・ケージトレーニングができると、留守番時の居場所やクールダウンにも有効です。

1 クレートの奥のほうにごほうびを入れましょう。

2 「ハウス」と声をかけながら、犬が自主的に入っていくのを待ちます。

3 別のごほうびを犬の鼻先に寄せて、クレート内で犬の体を回転させます。こうすれば犬が後ずさりで出てしまうことがありません。

4 犬がごほうびを食べている間に、静かに扉を閉めます。

5 ごほうびを食べ終わっても犬が落ち着いていたら、扉を開けて出してあげましょう。

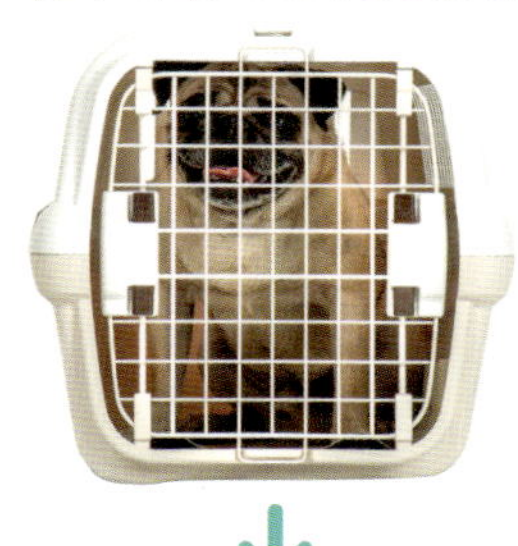

6 扉を閉める時間を長くするなら、知育玩具などを入れてみるといいでしょう。

オスワリ・フセのトレーニング

オスワリ・フセからのマテは、愛犬にじっとしていてもらいたいときに役立つ指示です。まずはマテ、フセの教え方をレクチャーします。

落ち着いた性格の犬でも覚えておくといい

オスワリはトレーニングの基本になります。オスワリには大切な意味があります。例えば、散歩中に他の人や犬に飛びかかろうとしたときや、通り過ぎる自転車を追いかけようとしたときなど、オスワリの指示でじっとすることを覚えていれば、愛犬の行動にストップをかけることができます。オスワリはお尻を地面につける動作なので、動きが制限されるからです。

フセも同様に愛犬の動きにストップがかけられます。フセはお腹をつける動作なので、オスワリよりもクールダウンがしやすい体勢といえます。

ただし、愛犬にじっとしてもらうためには、オスワリ・フセと同時にマテを教えておく必要があります。マテの教え方はP.50を参考にしてください。

愛犬が落ち着いた性格なら、オスワリやフセを教えなくてもいいのでしょうか？　そんなことはありません。普段落ち着いている犬でも、飼い主さんの指示でオスワリやフセをしてもらう場面はたくさんあります。愛犬が落ち着かない状態になったとき、愛犬を危険から守るためにも、オスワリ・フセからのマテを教えておきましょう。まずはオスワリとフセの教え方をお伝えします。

オテやオカワリは教えたほうがよい？

オスワリ・フセからマテは愛犬の安全に関わる「覚えておきたい号令」でしたが、オテやオカワリはさほど命に関わりません。また、覚えていなくても、周囲に迷惑もかかりません。できないからと悩む必要はありませんが、愛犬が飼い主さんと何かをするのが好きなタイプなら、コミュニケーションにもなるので教えてもいいかもしれません。

フセ

1 愛犬にごほうびを見せます。

2 愛犬の足元にごほうびを下げて、お腹が床についたら「フセ」と声をかけます。前足の間くらいにごほうびを置くといいでしょう。

3 お腹が床についてフセの姿勢になったら、ごほうびを与えます。

オスワリ

1 愛犬にごほうびを見せます。

2 「オスワリ」と号令をかけながら、愛犬の顔の真上にごほうびが来るように動かしていきます。頭が上がると自然にお尻が下がって座ります。

3 愛犬のお尻が床についてオスワリの姿勢になったら、ごほうびを与えます。

マテ・オイデのトレーニング

マテやオイデは愛犬の動きを制御し、興奮した状態をクールダウンさせたり、危険から回避するために必要になってきます。必ず教えておきましょう。

マテ、オイデを覚えておくと犬のクールダウンにもなる

マテとは指示をかけたその場で、犬にじっとしておいてもらうこと。興奮を静めるクールダウンとしても効果があります。テンションの上がりやすいパグは覚えておくと安心です。

オスワリやフセをさせたほうが犬が待ちやすいことが多いので、指示をするといいでしょう。トレーニングもオスワリ→マテ、フセ→マテのように、一緒に行うと効果的です。

また、犬と暮らすうえで、長時間のマテもあまり必要ありません。とくに食事前の長いマテはトレーニングにも犬との信頼関係づくりにも意味がなく、それよりも日常の中でごほうびを与えながらゲーム感覚で練習したほうが犬も楽しんで覚えられるはずです。

一方、オイデは離れた場所にいる愛犬を飼い主さんの元へ呼び寄せる指示です。ドッグランなどで興奮しすぎた場合、オイデで呼び寄せられればクールダウンになります。危険に近づきそうな犬を引き留めることもできます。

愛犬が暇そうにしているときにオイデと声をかけてそばに来てもらい、楽しい遊びをしてあげる。ゲームのように家族で呼び合って練習する、などがトレーニングにいいでしょう。

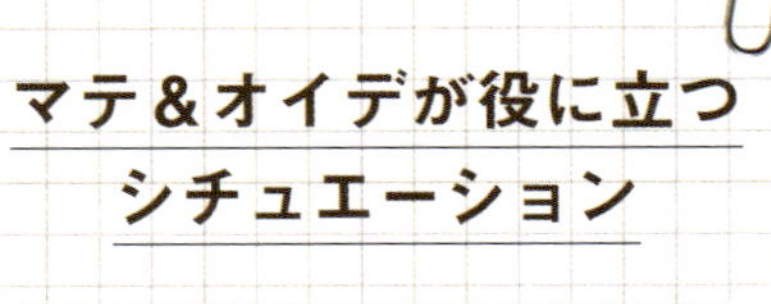

マテ&オイデが役に立つシチュエーション

- 他の犬や人に飛びかかろうとしているとき
- 他の犬とケンカになりそうなとき
- 危ない場所に近づきそうなとき

オイデ

手の中にごほうびを握り、愛犬にその様子を見せます。

2

「オイデ」と声をかけながら、ごほうびを握った手を愛犬が届くところに下ろします。

3

握った手のそばに来たら、中のごほうびを与えます。

家族同士で、犬を呼び合ってみましょう。ゲーム感覚でオイデの練習ができます。

マテ

1

「マテ」と声をかけて、犬をじっとさせます。オスワリをさせるとやりやすいです。

2

犬がじっとしているうちに「ヨシ」と声をかけて、ごほうびをあげます。

3

「マテ」と声をかけてから「ヨシ」を声をかけるまでの時間を、少しずつ長くしていきます。

いろいろな物事に慣れてもらう

子犬の頃から社会化を進めておこう

●人間社会のさまざまな物事に慣れてもらう

人間社会で犬が暮らしていくうえでトレーニング同様に大切なのが、さまざまな物事に慣れてもらうことです。散歩に行けば飼い主さん以外の人や犬に会いますし、車やオートバイが道路を走っています。室内ではインターフォンや携帯電話の音にも遭遇します。犬を取り囲む、あらゆる物事に慣れてもらうことが「社会化」です。

社会化で大事なことは、段階を踏んで慣らしていくこと。パグは好奇心旺盛でフレンドリーな子が多いですが、いきなり人が大勢いる場所に出かけたり、犬だらけのドッグランに出かけるのはNG。散歩で人と触れあうなど、小さな刺激から始めていきましょう。

◆心が柔軟な子犬の頃から始める

社会化は、心が柔軟な子犬の頃から始めるのが一番。家庭に迎えた時から物事に慣らしていきましょう。この時期にいやなことを体験させてしまうとトラウマを作りやすくなります。

犬によって社会化できる範囲が異なると知っておくことも大切です。人間に順応力・許容力の高いタイプと低いタイプがいるように、犬にも物事に慣れやすい子と慣れにくい子がいます。物事に慣れにくいタイプは、社会化がストレスになることも。ストレスを感じているようなら、緩やかに社会化を進めつつ、愛犬がどこまで慣れるかを少しずつ見定めていきましょう。

社会化のポイント

- 小さい刺激から始める
- 子犬の頃から始める
- 犬によって社会化できる範囲は異なる

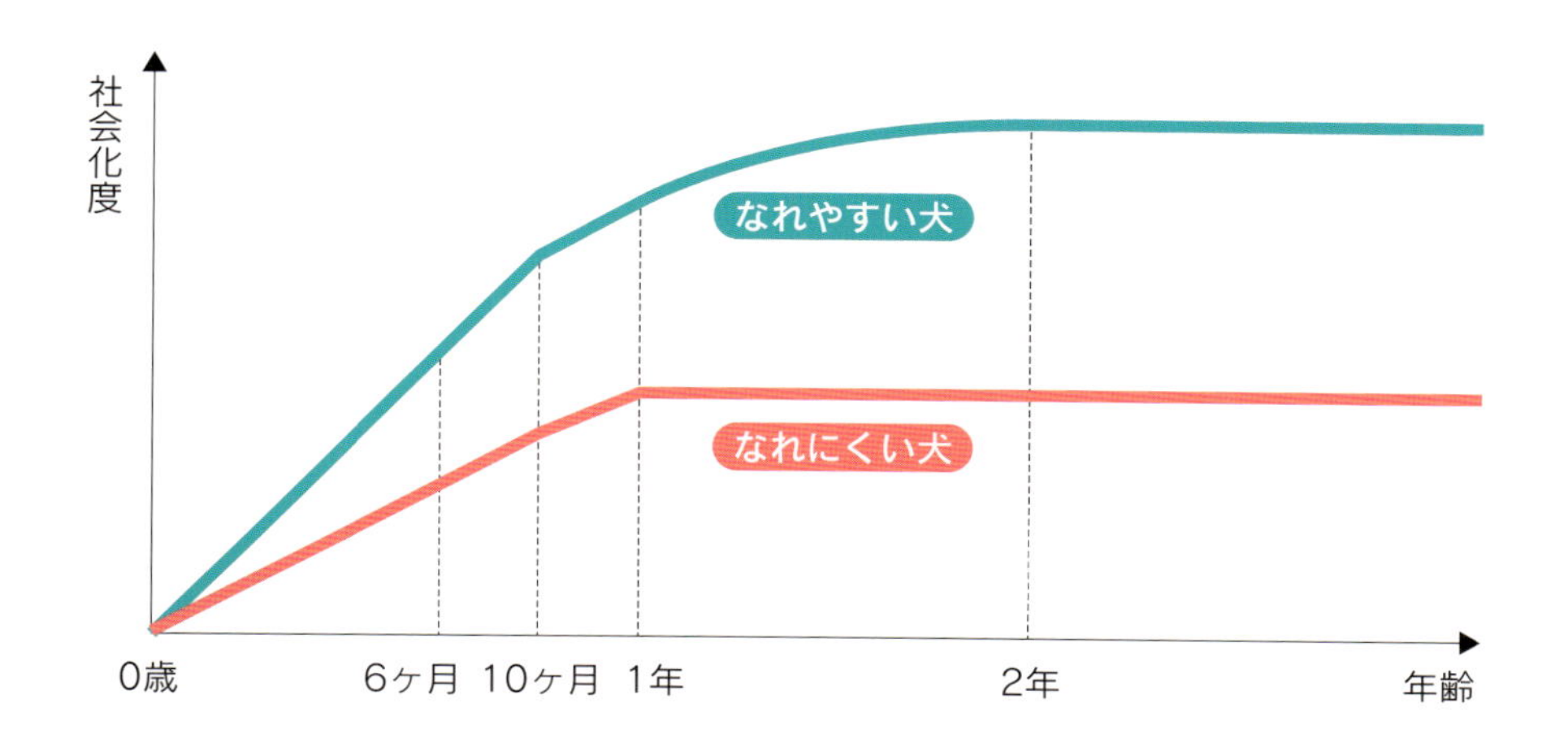

犬によって社会化の進み方、できる範囲は異なってくる

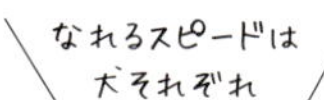

上の表は、年齢に合わせて社会化がどの程度進むかを示したもの。生まれた直後から、だいたい生後10ヶ月頃までがいちばん社会化が進む時期といわれています。これは子犬の心が柔軟で、いろいろなことを吸収しやすいからです。

10ヵ月を過ぎると犬それぞれの好き嫌いが明確になるので、苦手なものが表出しやすくなります。その分、社会化の進み方も少し緩やかになります。成犬になると、ますます緩やかに。しかし、進まないわけではないので、成犬になってもさまざまな刺激を与えてあげるといいでしょう。個体差があるので、成犬になっても社会化が進みやすい子もいます。

ただし、パグには少ないかもしれませんが、順応力の高くない犬は伸び方がとてもゆっくりです。また、もともとの許容量が少ない犬は一定のラインから伸びなくなる傾向があります。そのラインがその犬の最大値。無理に人に慣らしたり、犬に慣らしたりするよりも、来客時は別の部屋にいる、散歩は人や犬の少ない時間に行くなどして、その犬が安心な暮らし方を考えてあげるといいでしょう。

慣らしておきたい物事

犬が人間社会で暮らすうえで、慣らしておきたい物を並べてみました。とくに他の人や犬は、どうしても散歩中にすれ違うものです。パグは比較的フレンドリーな子が多いですが、そうでない子はさまざまなものに慣らしておくと、お互いハッピーです。

他の人

フレンドリーに接することができればベスト。人見知りな犬の場合は、散歩中に他の人と落ち着いてすれ違える程度に慣れておくとよいでしょう。

他の犬

落ち着いて、相手の犬とあいさつができればベスト。犬が苦手な場合は、散歩中に他の犬を見かけても吠えない程度に、ゆっくりと慣らしてあげてください。

新しい場所

新しい場所でも普段通りに過ごせるのがベスト。最初は戸惑っていても、時間が経てば動けるようならOKです。

生活音

インターフォンや携帯電話、人の足音や話し声などのことです。聞こえても普段通りに過ごせるのがベスト。瞬間的に反応しても、すぐに収まるならOKです。

車・オートバイなど

そばを通ってもスルーできるのがベスト。追いかける場合は危険なので、78ページを参照に犬の意識をそらす練習を。

掃除機

掃除機に対して吠えたり、怖がったりという反応をする犬は多いものです。小さい頃から慣れさせておくと安心です。掃除機が出てきたらごほうびや知育玩具を与えるようにして、「掃除機=よいことがある」と教えていきましょう。ただし、個体差があり、どうしても慣れない犬もいます。その場合は、愛犬に別の部屋に行ってもらうなどの対策をとるといいでしょう。

体にさわられることに慣らす

お手入れや健康チェックのためにも、愛犬の体をさわることは大事です。どこをさわっても怒らないように慣れさせていきましょう。

●コミュニケーションを兼ねて全身をさわること

愛犬の健康を保つためには日々のお手入れが欠かせません。けれど、体をさわられることが苦手な犬だと、それも難しくなります。コミュニケーションをかねて、子犬の頃から体のあちこちをさわっておきましょう。顔のしわも汚れがたまりやすい部分です。お手入れがしやすいように、顔周りは意識的にさわる練習をしておきましょう。

足先やシッポなどをさわられるのを嫌う犬もいます。ごほうびを使って、少しずつさわる練習をしておきましょう（P.81参照）。体全体をさわれるようになれば、しこりなどの異常にも気がつきやすくなります。

慣らしておきたい部位

目
目の周りをやさしく撫でてあげましょう。目薬などをさすときに役立ちます。

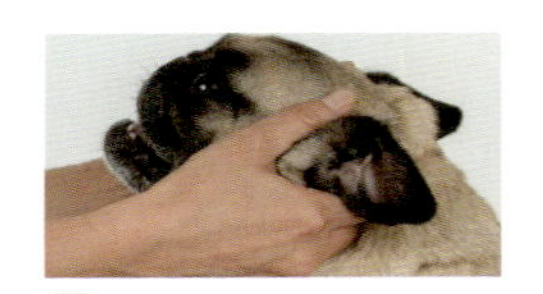

耳
耳は犬にとって気持ちいい場所のひとつ。付け根をマッサージする気持ちで。

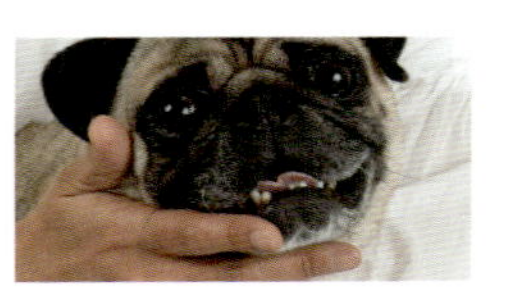

口の周り
口の周りをやさしく撫でて。歯みがきの練習になるのでできれば唇をめくってみて。

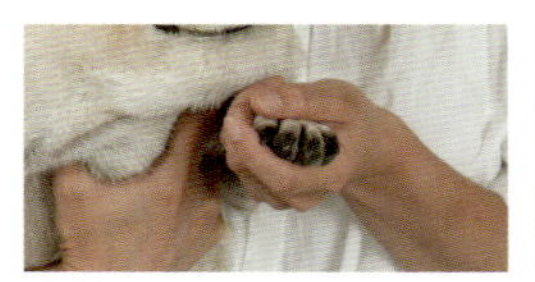

足先
散歩後に足を拭くなど、さわる機会の多い場所です。ならしておきましょう。

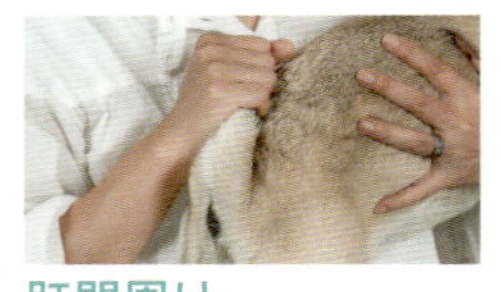

肛門周り
敏感な部位なので、さわられるのが苦手な子もいます。慣らせておきましょう。

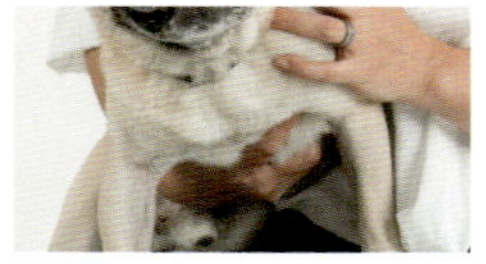

お腹
マッサージを兼ねて日々さわっておけば、しこりなどを発見しやすくなります。

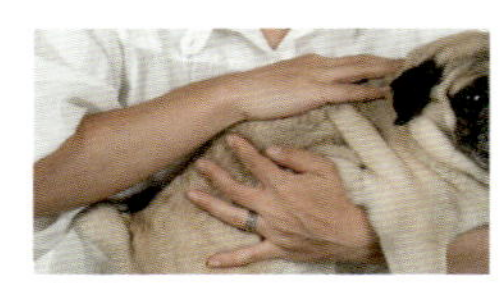

背中
お腹同様、マッサージを兼ねてさわってみて。異常を発見しやくなります。

抱っこに慣らす

抱っこに慣らしておけば、いざというときに便利です。後ろ足が不安定だと怖がる犬も多いので、しっかり抱えてあげましょう。

抱っこしたあとに楽しいことをしてあげる

パグの大きさになると、つねに抱っこしているという飼い主さんは少ないでしょう。しかし、動物病院で診察台に乗せる時など、愛犬を抱き上げる機会はわりと多いもの。抱っこ癖をつける必要はありませんが、いざというときに抱っこをいやがらないよう、子犬の頃から慣れさせておくと安心です。

ポイントは抱っこしたあとに、いやなことをしないこと。抱っこして愛犬を撫でるなど、愛犬にとって楽しいことと、うれしいことをしましょう。

急に抱っこされると、驚く犬もいます。抱っこする際には「抱っこ」など声をかけてあげるといいでしょう。

OKの抱っこ

抱っこの仕方は、飼い主さんのやりやすい方法でOK。後ろ足がぶらぶらすると不安を感じる犬が多いので、しっかり後ろ足をホールドしましょう。抱っこする前にひと言声をかけてあげると安心する犬も多いようです。

小さい頃から抱っこされていれば、後ろ足がぶらぶらしていても平気な犬もいます。上半身をしっかりホールドしているので安定感は抜群。

基本的には、抱っこは飼い主さんと愛犬がやりやすい方法でOKです。写真は後ろ足をしっかり抱え込んだ、一番安心の抱っこになります。

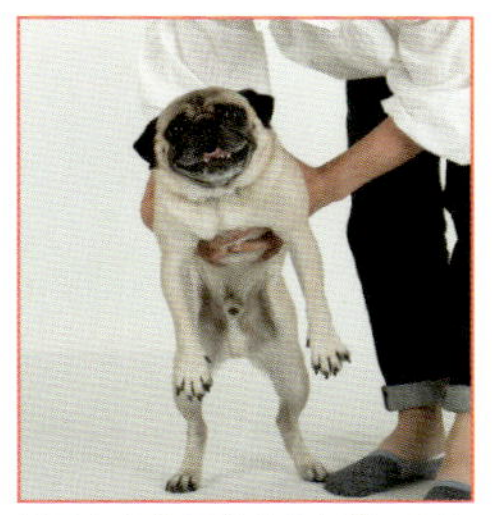

後ろから急に抱えると驚いてしまう犬も(幼少時からされている場合は、慣れている犬もいます)。ひと声かけてあげると、犬も安心します。

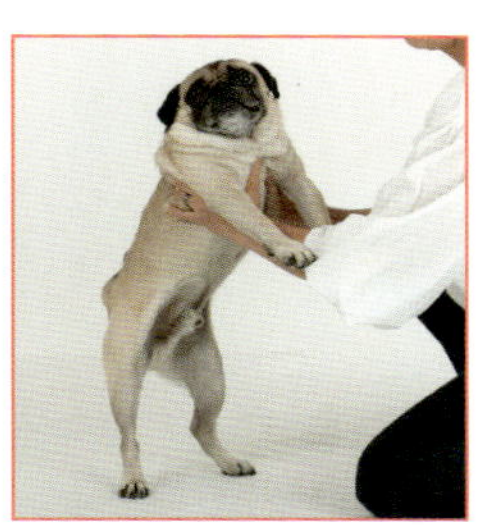

前足の下に手を入れてからの抱っこは、前足の脇の下に体重すべてがかかってしまい、痛がることも多いです。やめておきましょう。

NGの抱っこ

前足の付け根をつかんで、後ろ足を立たせる方法はオススメできません。犬が不安定になるうえに、前足の付け根に体重がかかり痛くなってしまいます。また、後ろから急に覆い被さって抱えるのもやめておきましょう。犬が驚いてしまう場合もあります。

愛犬と楽しく遊ぼう

遊びは大切なコミュニケーションです

・どんな遊びが好きかは犬の個体差による

犬と一緒に遊ぶことは、飼い主さんと愛犬の大切なコミュニケーションの一環です。また、犬にとっては不足しがちな運動を補う手段でもあります。

いろいろな遊びがありますが、大きく分類すると「ボール投げ」「引っ張りっこ」「何かにじゃれつく」になります。どの遊びを好むのかはその犬次第。引っ張りっこは好きだけど、ボール投げではまったく遊ばないなど、個体差があります。もちろん全部の遊びが好きな犬もいます。愛犬がどの遊びが好きなのか見定めてあげましょう。

また、布製のぬいぐるみなら引っ張りっこをするけれど、ラテックスのオモチャは嫌いなど、オモチャの好みにも差があります。どのオモチャがよくてどのオモチャが悪い、ということはありませんので、好きな物を使ってあげましょう。ただし、壊れやすい物やちぎりやすい物は誤飲に注意。パグは口が大きいので、小さすぎるオモチャも飲み込んでしまう危険があります。

犬の好きな遊び

- ボール投げ
- 引っ張りっこ
- 何かにじゃれつく
- 何かを噛む　など

◆遊ばないのも個性と受け入れて

パグの中には、あまり遊びに興味がなく、オモチャに反応しない子もいます。人間でも運動に興味のない人がいるように、これは愛犬の個性なので仕方のないこと。いろいろなオモチャを試したうえで遊ばないようだったら、それを受け入れてあげましょう。ただし、運動不足になりやすいので散歩にしっかり行く、おやつやフードのカロリーを控えめにする、などの調整を。

知っておきたい〝遊び〟について

遊びは犬の本能を満たす役割もあります。すべてを禁止にするのではなく、どうしてそれをするのか、知っておきましょう。

甘噛みについて

甘噛みは「遊ぼうよ」「かまって」のサインです。遊びのお誘いに乗るかどうかは、飼い主さん次第。「うん、遊ぼう!」と答えて、そのまま噛みつき遊びをするのか、それとも他のオモチャを提案するのか。飼い主さんが決めてかまいません。

手で遊ぶのはNG?

飼い主さんの手にじゃれるのが好きな犬がいます。これは飼い主さんと関わっていたいというサイン。じゃれつきをNGにしてしまうと、遊びを拒否することになります。素手にじゃれつくのをやめさせたいなら、パペット遊びなどに誘導しましょう。

犬に遊びに誘われたら?

順位付けのために愛犬から遊びに誘われても乗らないように、といわれることがありますが、そんな必要はありません。遊んでと近寄ってくるのも、飼い主さんを大好きな証拠です。時間や余裕のあるときならば、思い切り遊んであげましょう。

オモチャは片づけておくべき?

愛犬がひとり遊びするためのオモチャはいくつか出しておいてもいいでしょう。愛犬がとても気に入っているオモチャは片づけておき、一緒に遊ぶときのスペシャルにするといいです。壊れやすい素材、噛みちぎりやすい素材のものは片づけておいたほうが安全です。

オモチャ以外で遊ぶのはNG?

靴下やスリッパが好き、人間用のぬいぐるみが好きというように、犬用玩具でないものを好む場合があります。どこまで許すのかは、飼い主さん次第です。飼い主さん的に遊ばれても大丈夫なもので誤飲の可能性が低いならば、無理に取りあげなくてもいいでしょう。

オススメの遊び方

どんな遊びが好きか、犬によって異なります。愛犬の好む遊びを見つけてあげましょう。ここでは中西先生オススメの遊びを紹介します。

パペット遊び

一番のオススメはパペット遊び。噛みつきあってじゃれつきたいという習性を満たすことができます。ポイントは両方の手にパペットを持つこと。片方の手にだけパペットを持つと、パペットを持っていないほうの手を狙って犬が飛びつくようになります。両方の手で犬の顔やお尻を交互にツンツンすると、犬もあっちを向いたりこっちを向いたりして、楽しく遊べます。

ボール投げ

ボール投げは、飼い主さんが投げたボールなどを愛犬が追いかけ、手元に持ってくる遊び。追いかける習性が刺激されます。投げるものはボールでなくてもＯＫ。投げたり愛犬がくわえたりしても危険がないものであれば、靴下やタオルなど、愛犬が好きなものを投げてあげましょう。ただし、愛犬が噛みちぎって飲み込まないように注意が必要です。

引っ張りっこ

紐などの片方を愛犬がくわえ、もう片方を飼い主さんが持って引っ張り合う遊びです。引っ張りっこ用のオモチャがたくさんあるので、それを使うと便利。ロープ型オモチャでなく、ぬいぐるみなどで引っ張りっこしたがる子もいます。愛犬に合わせてあげるといいでしょう。引っ張るオモチャにされたら困るものは最初から片づけておくこと。

知育玩具

知育玩具は、中におやつを詰められるオモチャ。ごほうびを得ようと努力することで、脳への刺激になります。長時間クレートに入れるとき、サークルで留守番させるときなどに犬に与えておくと、よい暇つぶしになります。知育玩具に興味のある子とない子がいるので、いろいろな玩具を試してあげてください。おやつの質を上げるのも手です。

ペットボトルで遊びたいなら……

ペットボトルを噛むのが好きな犬は多いです。愛犬が他のオモチャよりもペットボトルを気に入っているようなら、工夫してみるといいでしょう。中におやつを入れてあげると、コロコロ転がして知育玩具のように楽しめます。かじって誤飲すると危険なので、飼い主さんが必ず見張っていてあげること。

❶洗って乾燥させたペットボトルに小さくしたごほうびを入れましょう。入れているところを愛犬に見せるとグッド。ペットボトルの側面に小さな穴を開けてもいいでしょう。
❷フタをしないまま愛犬に渡します。中のごほうびを取ろうと、転がしたり噛んだりするはず。知育玩具として遊べます。ペットボトルを噛みちぎらないように注意を。

子犬の食事

成長期だけに必要な栄養を十分に与えましょう

●栄養バランスの面では子犬用フードが安心

子犬を迎えたら、これからどのように育てていきたいのか、食事についてもいろいろな考えがあると思います。ドッグフードを主体にしたいのか、手作り食にしたいのか、ドッグフードと手作り食を半々にしたいのか、あらかじめ決めておくことも必要です。

成長期である子犬の栄養は、体や骨の基礎をきちんと作っていく時期だけにとても重要です。それだけに必要な栄養を満たすには、手作り食ではなかなか難しいこともあります。

子犬に必要な栄養がバランスよく含まれ、手軽に与えることができるのがドッグフードです。骨の成長が止まるのは、生後11ヵ月頃なので、手作り食を与えたいなら、それ以降に。それまでは栄養バランスの面で、子犬用のドッグフードを与えるのが安心です。

●フードを切り替えるときは徐々に

子犬が家に来る前にいた環境、つまりブリーダーやペットショップから、それまで食べていたドッグフードの種類や与える分量、回数などをしっかり聞いておきましょう。家に迎えてすぐの頃は、新しい環境になれるまで、食事の内容は変えないようにします。

子犬が新しい家になれてきて、ドッグフードを別のものに切り替えたいと思ったら、いきなり全部を替えてしまわないことです。下痢をしたり、吐いたりすることがあるからです。

1週間くらい時間をかけ、従来のフードに新しいフードを少しずつ混ぜていき、その割合を変えていきます。子犬の様子を見ながら、くれぐれも少しずつ切り替えていきましょう。

月齢別食事回数の目安

子犬が効率よく栄養をとるには最初は回数を多くし、成長とともに徐々に回数を減らしていきます。

- 2～3ヵ月→1日4回
- 3～6ヵ月→1日3回
- 6ヵ月～1歳→1日2回

週1回は体重を測り発育状態をチェック

与えているフードの種類や量が合っているかの目安は、子犬の発育状態で判断していきましょう。

そのためには、週に1回は体重を測るとわかりやすいものです。よく食べているように見えても、前回測った時に比べて、体重が増えていないのであれば、与えているフードのカロリーや栄養的に、その犬に合っていないことが考えられます。

体重を測る以外に、毛づやの状態がどうかもチェックしてみましょう。以前に比べて、毛づやがなくなってきたなと感じたら、必要な栄養が足りていない可能性もあります。

また、痩せているかどうかは、肋骨のあたりを指の腹で触ってみます。触った時に、肋骨がゴツゴツとわかるようなら痩せている判断にもなります。

食べる量が少なくても、元気があって、体重が順調に増えているのであれば、単に食が細いというだけで問題はありません。子犬はガツガツと食べなきゃいけないと思いがちですが、中には食が細い犬もいるものです。

家に迎えて2～3週間経っても、食いつきが悪く、体重が増えない場合は病気が原因のことも考えられます。少しでも気になることがあったら、動物病院に相談してみましょう。

おやつは1～2種類までにしておく

犬用のおやつにもいろいろな種類があります。ついあげたくなる気持ちもわかりますが、おやつは基本的にはトレーニングのためのごほうび程度と考えておきましょう。1～2種類くらいまでにしておくのがいいでしょう。あまりいろいろなおやつを与えてしまうと、フードを食べなくなってしまう可能性もあるからです。栄養バランスを崩さないためには、フードを食べてもらうことが大切です。理想的なのは、トレーニングのごほうびにはフードを使うことです。

愛犬と楽しく散歩しよう

生活に刺激を与える役目があります

●太りやすいパグだから散歩が重要になる

散歩は犬にとって重要な時間です。家の中で過ごしていると、どうしても運動不足になりがち。太りやすいパグだからこそ、散歩でしっかりと運動量を稼ぐことが大切です。また太陽光は、カルシウム吸収を助ける働きがあるビタミンDの生成を促します。丈夫な骨を作るためには、太陽光を浴びてビタミンDを生成することが欠かせません。老化防止にも役立ちます。

◆刺激を受けて社会化を進める

それだけではありません。外に出ることで、家の中では見かけないさまざまな物事と触れあう機会を得ます。飼い主さん以外の人、他の犬、車やオートバイ、工事現場の音などなど……たくさんの刺激を得られるのです。こうした刺激に慣れることも社会化の一環として、とても重要です。同時に、外のにおいや空気に触れることで、心身のリフレッシュにもなるのです。

◆飼い主さんと愛犬の絆が深まる

そして何よりも、散歩は愛犬と飼い主さんの大切なコミュニケーションのひとつです。かわいい愛犬と四季折々の風景を楽しみながら散歩すれば、信頼関係もますます深まります。パグは長時間の散歩が必要な犬種ではないですが、時間に余裕のあるときは公園で遊んであげるなど、いろいろな楽しみ方を愛犬と作り出していきましょう。

散歩のメリット

- 外のにおいや空気を感じてリフレッシュできる
- 家の中にない刺激を受けて社会化になる
- 良質なエネルギー消費になる
- 飼い主さんと愛犬の絆が深まる

首輪に慣れる

散歩デビューの際、いきなり首輪をしようとしてもいやがる子がいます。「首輪をする＝楽しいことがある」とトレーニングしておくと安心です。

1 サークルの中に愛犬を入れます。

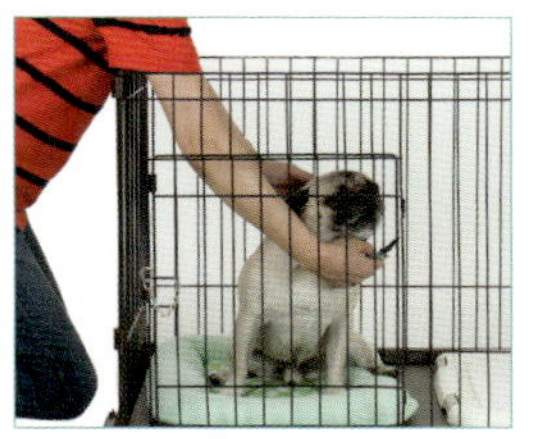

2 保ちのいいごほうびを用意しておき、犬にかじらせます。

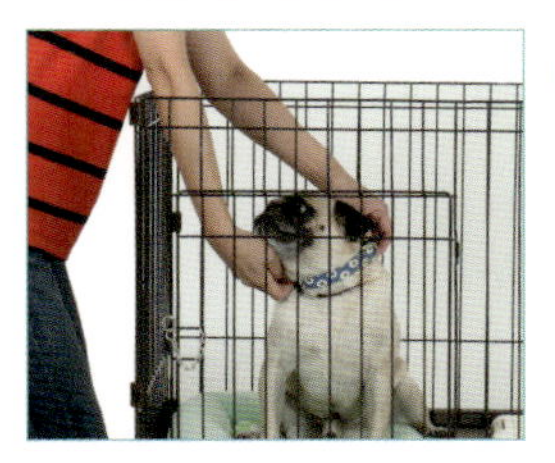

3 犬がかじっている間に首輪を装着。最初は着脱しやすいバックル式がおすすめです。

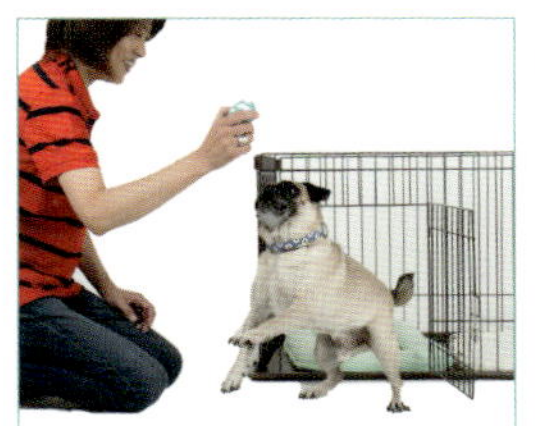

4 首輪をしたらサークルから出して、遊んであげましょう。首輪をする＝楽しいことがある、と覚えます。

5 サークルに犬を戻して、ごほうびをかじせながら首輪を取ります。

子犬期にしておきたいこと

散歩に出られるのは２回目のワクチン終了後。しかし、本格的な散歩デビューの前にしておきたいことがあります。それが以下の２点。抱っこ散歩は子犬が家に来たときから始めてかまいません。地面に下ろさないよう注意しながら、いろいろな音やにおいを感じてもらいましょう。また、ワクチンが終わったら、なるべく早めに散歩に出ましょう。

抱っこ散歩

ワクチン前の子犬は大事な社会化期。外には下ろせませんが抱っこしながら散歩して、さまざまな刺激に慣れておくといいでしょう。

抱っこ散歩中に飼い主さん以外の人からおやつをもらうなど、楽しい思いをたくさんさせてあげるといいでしょう。愛犬がシャイなタイプならば無理はさせず、抱っこ散歩だけでもOKです。

オススメの散歩

◆散歩の時間や長さは、それぞれの家庭の飼い方や愛犬の体調に合わせて調整しましょう。歩くのが好きなパグならば、長く歩いてもかまいません。

◆毎日同じコースを歩くよりも、複数のコースを用意しておいて、今日はこちら、明日はあちらのようにしていくと、愛犬につねに新しい刺激を与えることができます。

◆暑さにとても弱い犬種なので、暑い時間の散歩はNG。夏は早朝もしくは夜に出かけるようにしましょう。

◆つぶれた鼻を持っているので呼吸が荒くなりやすい犬種です。水を持っていき、水分補給をこまめにしてあげましょう。

お散歩持ち物リスト

- 排泄物を処理するビニール袋など
- ティッシュペーパー、トイレットペーパー
- 水（飲む用、排泄物処理用）
- オヤツなどのごほうび
- 公園などで遊ぶならロングリード
- 水飲み用の器

など

散歩に行き始めたら

散歩デビューは、まず人や犬が少ない時間から始めましょう。アスファルトをいやがるようなら公園の芝生や土の上から始めてもOK。子犬期は15分程度の散歩で構いません。このときに無理やり歩かせたり引きずったりすると、散歩を嫌いになってしまうことも。飼い主さんが愛犬をほめて、いい気持ちで楽しく歩いてもらうようにしましょう。

正しいリードの持ち方

興奮しやすく、引っ張り癖のある子もいます。引っ張られてリードが抜けてしまわないように、手首にしっかりと引っかけましょう。

1
リードの持ち手部分を、手首に引っかけます。

2
手首を回転して、リードを持ちます。これで犬が突然走り出しても、リードが手から外れることはありません。

3
反対側の手でリードを握りましょう。この持つ部分で、リードの長さを調整できます。犬を自由にさせるなら長め、そばにいてほしいなら短めに持ちます。

ありがちな散歩トラブル

犬が引っ張ってしまう

散歩でテンションが上がり、飼い主さんをぐいぐい引っ張る犬がいます。危険の多い場所ではリードを短めに持って、犬が引っ張れないようにしましょう。パグはゼイゼイしやすい犬種なので、過度に引っ張るのは危険です。

におい嗅ぎが長い

におい嗅ぎは犬の本能のひとつなので、すべて中止にする必要はありません。安全が確認できず、嗅いでほしくない場所は、リードを短めに持って軽くツンツンと引っ張り、犬に「行こう」と合図を送りましょう。

マーキングが多い

マーキングも犬の本能に基づいた行動です。すべてを禁止する必要はありませんが、していいところ、悪いところは飼い主さんが判断してあげてください。マーキングした箇所に水をかけるなど、周囲への配慮も大切です。

Column

去勢・避妊について

オスの去勢、メスの避妊について、どうしたらいいのかと迷う飼い主さんは多いと思います。手術をするのは「かわいそう」と考える人も少なくありません。大切なのは、飼い主さんが去勢・避妊についての内容をよく理解したうえで、判断することです。

去勢・避妊を行う目的には、いろいろあります。子犬を作らないだけでなく、一番よくいわれているのが、年齢を重ねるにつれて発症しやすくなってくる性ホルモンが関連した病気の予防のためです。

病気予防を目的とするのであれば、出来ればこの時期に去勢・避妊手術を行っておくと理想的といわれている目安があります。

オスの場合、最近は前立腺がんを発症した犬の統計から、あまりにも早くに去勢している犬が多いといわれているため、生後７ヵ月以上から３歳未満までの間に行うのがいいのではないかと考えられています。

メスの場合、最初の発情が来る前までの生後５～６ヵ月頃に行うのが理想的。個体差はありますが、１回目の発情はだいたい生後７ヵ月から１歳までの間です。遅くても２回目の発情が来る前までに行っておいたほうがいいといわれています。ただ、２回目の発情がいつ来るかがわからないため、出来れば最初の発情が来る前までに行ったほうがいいでしょう。避妊はメスに一番多い乳がんの予防になります。１回目の発情が来る前までに避妊をしておくと予防確率は98%、２回目の発情前までだと95%と高い数字を示します。しかし、２回目の発情以降に避妊をしても、未避妊の場合と乳がんの発症率は変わらないといわれています。もちろん、乳がんだけに限らず、ほかの病気の予防にもなります。

ただ、いずれにしても、病気予防を目的とした去勢・避妊手術は健康な状態の犬を手術することになりますから、後遺症を絶対に残してはいけないものです。それだけに、手術をお願いする獣医師の腕にかかってきます。

信頼して手術をお願いできる獣医師かどうかを見極めるためには、去勢・避妊手術に対する考え方だったり、少しでも疑問に思うことを納得できるまで聞いてみることです。

愛犬を守るためにも、去勢・避妊に関する正しい知識を得ておくことは大事です。

オスの場合

メリット

- **将来の病気予防**
  精巣腫瘍、前立腺肥大、会陰ヘルニア、肛門周囲腺腫など。
- **性格が穏やかになる**
  個体差はありますが、攻撃性が低下し、穏やかになるといわれています。

デメリット

- **被毛に変化がある場合も**
  犬種や個体差によっては、これまでの毛質と変わる犬もいます。
- **太りやすくなる**
  ホルモン代謝が変わるため、脂肪や筋肉の代謝も影響を受け、太りやすくなります。

メスの場合

メリット

- **将来の病気予防**
  乳がんのほか、卵巣がん、卵巣嚢腫、子宮蓄膿症など。
- **発情期の出血がなくなる**
  発情にともなう出血だけでなく、行動変化もなくなるので、通年安定して過ごせます。

デメリット

- **太りやすくなる**
  オスよりもメスのほうがホルモン代謝による影響を受け、太りやすいといわれています。
- **手術で開腹が必要**（※）
  メスは開腹するため、術後の回復までに時間がかかります。

※最近では低侵襲手術として腹腔鏡手術を取り入れている病院も増えてきました。非常に痛みが少なく回復も早いのがメリットですが、やや費用がかかるのが難点です。

4

成犬との暮らし方

食事やお出かけなど成犬との暮らしの中で気を付けたいこと、知っておきたいことをご紹介。起こりがちなトラブルなどもまとめてみました。

成犬の食事

食事の内容を成犬用のものに切り替えましょう

●食事の回数は1日1～2回にする

生後11ヵ月を過ぎると、すくすく育っていた骨の成長も止まり、成犬らしい体つきになってきます。

生後10ヵ月から1歳で、それまで与えていた子犬用のフードから、成犬用のドッグフードに切り替えます。

切り替える際は、いきなり全部ではなく、子犬用フードに少しずつ成犬用フードを混ぜていき、下痢や嘔吐などが見られないか、愛犬の様子をよく観察しておきましょう。問題なければ、成犬用フードの割合を徐々に増やして切り替えるようにしていきます。

食事の回数は、1歳以降であれば1日1回か2回でかまいません。飼い主さんのライフスタイルに合わせて、回数を決めておくといいでしょう。

また、食事を与えるのは散歩から帰ってきてからのほうが理想的。食べてすぐ運動させるのは、胃捻転などのリスクがあるからです。食後に散歩をする場合は、1～2時間程経ってから行くようにしましょう。

●置きっ放しはしないで1時間を目安にさげる

食事は基本的に、置きっ放しにしておかないことです。食事を残していたとしても、1時間を目安に片付けましょう。置きっ放しにしておくと、好きな時間に食べたり、遊び食いをする習慣をつけさせてしまうからです。

ドッグフードの種類

含まれる水分量によって以下のタイプに分けられます。

ウェット

水分は75％前後。嗜好性は高いが、ほかの食事との併用が望ましい。

ソフトドライ・セミモイスト

水分は25～ 35％前後。ドライに比べて値段がやや高く、保存性も劣る。

ドライ

水分は10％程度。栄養バランスが取れ、保存がきき、値段も手頃。

手作り食の場合は栄養バランスに気をつけて

手作り食にする場合は、犬に必要な栄養をしっかり勉強しましょう。災害などの避難時のためにも、ドッグフードを食べられるようにしておくことも大切です。また、ドッグフードに肉や魚、野菜などをトッピングする場合は、フードの栄養バランスを崩さないために食事全体の1割程度の量にしておきます。

年に1回は食事内容を見直してみる

ドッグフードにしても、手作り食にしても、与えている食事内容が合っているかどうかは、愛犬の様子をよく見ておくことが大切です。

フードが合っていないと肝臓や腎臓障害、皮膚病など、何らかの異常が出てくることもあります。

元気そうだし、食事を喜んで食べているからといっても、骨や内臓の異常は見た目だけではわかりにくいもの。そのためには、1歳過ぎたら年1回は健康診断を心がけておくと安心です。理想はレントゲンや血液検査を行うことですが、少なくとも尿検査だけでも結石ができていないかなど、何らかの異常を発見することができます。

同じフードを与え続けていて、これまでは何ともなかったのにと思っていても、メーカー側がフードの内容を変えてしまっている場合もあります。

与えている食事の内容が合っているのか、栄養が足りているのか、体に異常が起きていないのか。健康診断の結果をもとに、見直してみましょう。

犬に与えてはいけない食材を知っておこう

人間の食べ物の中には、犬に与えてはいけないものがあります。食べた量によっては重篤な症状を引き起こすので注意を。与えてはいけない主なものは、ネギ類、チョコレート、カフェイン類、ぶどう、キシリトール類などです。

肥満にさせないよう気をつける

肥満は万病のもと。運動を十分行いましょう

太りやすくなる傾向があるので、気をつけることが大切です。

肥満は心臓や関節に負担をかけるだけでなく、糖尿病などさまざまな病気を引き起こす原因となります。人と同様、犬にとっても肥満は万病のもと。

パグは年齢を重ねるにつれ、関節炎や背骨の障害が出やすい犬種です。若いうちは症状が目立たないこともありますが、肥満になればそれだけ負担がかかります。成犬の時期から太らせ過ぎないようにしておきましょう。

1歳以降はくれぐれも肥満に注意すること

犬にとって楽しみのひとつが、食べること。犬の胃袋の容積は、哺乳類の中でも一番大きいといわれています。それだけに、あげればあげるだけ食べてしまう犬もいます。愛犬が欲しがるからと食べ物を与えてしまえば、当然ですが、体重増加につながります。

成長期の子犬は、成犬に比べてエネルギー代謝が高いので、よほど過剰なカロリーのものを与えない限り、健康な子犬は肥満になることはほとんどありません。でも、1歳を過ぎて成犬になったら食事や運動をしっかり管理して、肥満予防を心がけましょう。

特に、去勢や避妊手術をしていると

肥満にさせないための食事と運動の注意点

運動をしっかり行い消費させる

散歩で歩くことは、肥満予防になるだけでなく、太陽を浴びることで骨も強くしたり、毛づやも良くなるなどメリットはたくさん。

食事の量は減らさず低カロリーの内容に

太るからと極端に食事の量を減らしてしまうと、お腹が減って拾い食いなど誤食につながる場合も。体重維持するには量は減らさず、低カロリーのフードにするなどして食事内容を工夫しましょう。

ボディチェックで愛犬の状態を確認する

一般的には理想体重の15～20％を超えると肥満といわれています。ただし、理想体重といっても、同じ犬種でも骨格にはそれぞれ違いがあります。骨格の大きさによって、体重に影響してくるので、肥満かどうかを体重だけでは判断できないものです。

犬の場合、わかりやすいのが、背骨や肋骨、腹部などにどのくらい脂肪がついているか、ということです。下のBCSの表を参考にして、愛犬の状態がどうなのかを確認してみましょう。

愛犬がもし太り気味、あるいは肥満になってしまったら、ダイエットすることになりますが、急激なダイエットは健康を害してしまいます。獣医師と相談しながら、愛犬の状態に合わせた食事や運動管理を行い、段階を追って体重を減らしてきましょう。

犬のボディコンディションスコア（BCS）

犬は犬種によりさまざまな体型があり、なかなか肥満かどうかを判断しにくいところがあります。そこでボディコンディションスコアを参考に、実際に体を触ってみて、肥満かどうか、痩せすぎていないかを判断しましょう。わかりにくい時には動物病院で診てもらうとよいでしょう。肥満は人間と同様にさまざまな病気の原因となります。太りすぎないよう、飼い主さんが管理してあげましょう。

BCS 1 痩せている	BCS 2 やや痩せている	BCS 3 理想体型	BCS 4 やや肥満	BCS 5 肥満
肋骨、腰椎、骨盤が浮き上がって見ただけでわかる。触っても脂肪を感じない。腰の括れと腹部の吊り上がりが顕著に見える。	肋骨に容易に触れる。腰の括れがはっきりわかる。腹部の吊り上がりもはっきりしている。	やや脂肪はあるが肋骨に容易に触れる。腰の括れや腹部の吊り上がりもある。	肋骨は触れるが、見た目ではわからない。腰の括れもほとんど見られない。	横から見ても上から見ても脂肪がついていて丸々としている。肋骨などは触ってもわからない。

愛犬と楽しくお出かけしよう

愛犬が楽しめているのか、確認しましょう

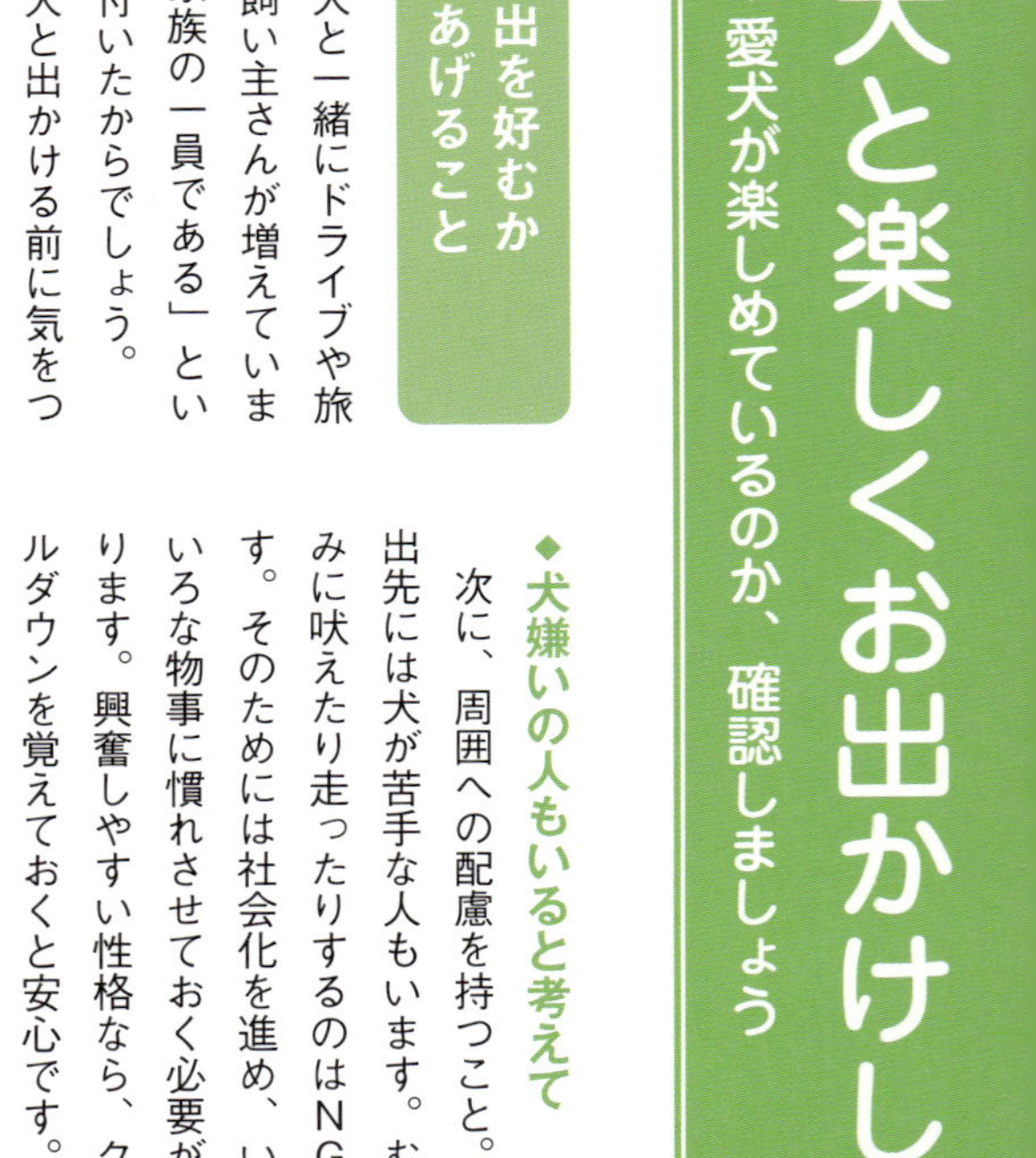

●愛犬が外出を好むか判断してあげること

最近では愛犬と一緒にドライブや旅行に出かける飼い主さんが増えています。「愛犬は家族の一員である」という考え方が根付いたからでしょう。

しかし、愛犬と出かける前に気をつけなければいけないことがあります。まず第一に、愛犬が外出を楽しめる性格かどうか。インドアな人がいるように、犬にも大勢の人がいる場所やうるさい場所が苦手な子がいます。そういった性格の子に無理をさせても、飼い主さんも愛犬も楽しめません。パグはフレンドリーで順応性の高い犬種ですが、中には外が苦手な子もいます。愛犬の性格を考えてあげましょう。

◆犬嫌いの人もいると考えて

次に、周囲への配慮を持つこと。外出先には犬が苦手な人もいます。むやみに吠えたり走ったりするのはNGです。そのためには社会化を進め、いろいろな物事に慣れさせておく必要があります。興奮しやすい性格なら、クールダウンを覚えておくと安心です。愛犬のストレスが強すぎるようなら、外出をやめる選択も視野に入れましょう。

また、心ない飼い主さんによる排泄物の放置も問題視されています。排泄物の処理は必ずきちんと行うこと。

最後に、愛犬の体調への注意です。とくにパグは暑さにとても弱い犬種。真夏に無理に出かけたり、休憩なしでドライブしたりといったことは絶対にやめておきましょう。

お出かけマナー

- 排泄物を必ず持ち帰ること
- 吠えたり飛びかかる可能性があるなら、飼い主さんがしっかり管理すること
- 抜け毛、よだれなどで周囲を汚さないこと

お出かけする前に知っておきたいこと

- 愛犬が外出を楽しめる性格か
- 愛犬の体調に問題がないか

お出かけの方法

愛犬との外出にはいろいろな方法があります。公共交通機関に乗るときにはキャリーバッグ、カートが必要です。交通機関によって規約が違うので、自分が利用する交通手段をよく調べておきましょう。なお、パグなどの短頭種は飛行機に乗れない場合も。

カート

愛犬だけでなく荷物も載せられるので便利。多頭飼いのお宅にも向いています。人混みでは扱いに気をつけて。また乗り出しは危険なので、こちらも注意を。

キャリーバッグ

愛犬と飼い主さんの距離が近くなるので、愛犬が安心しやすい利点があります。公共交通機関によっては顔まで中に入れていないとダメなことも。

ドライブのために

愛犬とのお出かけで一番多いのは車移動でしょう。もっとも注意したいのは暑さ対策です。夏のドライブでは必ずエアコンの風が行き渡るようにしましょう。

休憩

愛犬と一緒のドライブでは、こまめに休憩を入れましょう。愛犬の体調次第ですが、2〜3時間に1回の休憩が理想です。外に出して歩かせてあげたり、トイレタイムを取ったりしましょう。

正しい乗り方

クレートの他、ドライブボックス、マットなどのアイテムがあります。乗っている人と愛犬の安全が確保できていて、運転の邪魔にならず、愛犬が快適に過ごせるような乗り方をしましょう。

暑さ対策

夏のドライブでは、たとえ5分でも冷房を切るのはNG。保冷剤や冷感マットも使えますが、何よりも冷房が大切。犬が乗っている場所がきちんと涼しくなっているか確認を。

車酔い防止

車に慣れるには子犬の頃から乗る経験を重ねていくことが大事。近くの公園に遊びに行くなどして、早めのデビューを。愛犬が酔いやすい体質なら、かかりつけの獣医師に相談してみましょう。

成犬にありがちなトラブル対処方法

トラブルをどこまで解決するのかは飼い主さん次第

●成犬になってからのトラブルも解決できる

子犬の頃にトレーニングができなかったり不十分だったりすると、成犬になってから「困った行動（トラブル）」が出やすくなります。また、トレーニングの方法がその犬に合っていなかった場合も、問題が出やすくなります。

では、成犬で困った行動が起こったとき、もう直すことはできないのでしょうか？　結論からいえば、対応できる場合とできない場合があります。

◆吠えの問題は理由を確認する

成犬でもっとも多いのは、吠えのトラブルです。しかし、怖くて吠えているのか、興奮して吠えているのかで対処が変わってきます。怖くて吠えているならば怖くないと思えるように慣らすことが重要ですが、どこまで緩和できるかは犬の気質次第です。慣れにくい犬は恐怖の対象を避けるなど、暮らし方を考える必要もあるでしょう。

また、他の犬や人に対して、吠えや攻撃的な行動が出る場合。原因はさまざまですが、根底に恐怖があるならば社会化が必要です。どうしてもなれない場合は、散歩の時間を変えるなどの対処が必要になってきます。

◆専門家への相談も視野に入れて

ここでは成犬にありがちなトラブルの対処方法を紹介します。ただし、どの犬にも当てはまるとは限りません。愛犬に合っていないと思ったら中断して、別の方法を探してみましょう。

愛犬のトラブルをどこまで解決するのかは飼い主さんの判断次第です。しかし、トラブルが周囲への迷惑になっていたり、飼い主さんや愛犬に危険が及ぶならば専門家への相談も視野に入れてみるといいでしょう。

インターフォンに吠える 気配や物音に吠える

インターフォンが鳴ったら知育玩具を与えて

インターフォンに反応して吠える犬は多いです。吠えが一時的で、すぐに収まるのならばさほど問題はないでしょう。気になる場合は、インターフォンと犬にとってのよいことを結びつけてください。インターフォンが鳴ったら、ごほうびを入れた知育玩具で所定の場所への誘導を繰り返していきましょう。インターフォン＝知育玩具が出てくる、と学習して、そのうち自主的に所定の場所へ移動するようになります。集合住宅などで廊下の気配や物音に反応して吠える場合も、同様の対処方法が有効です。

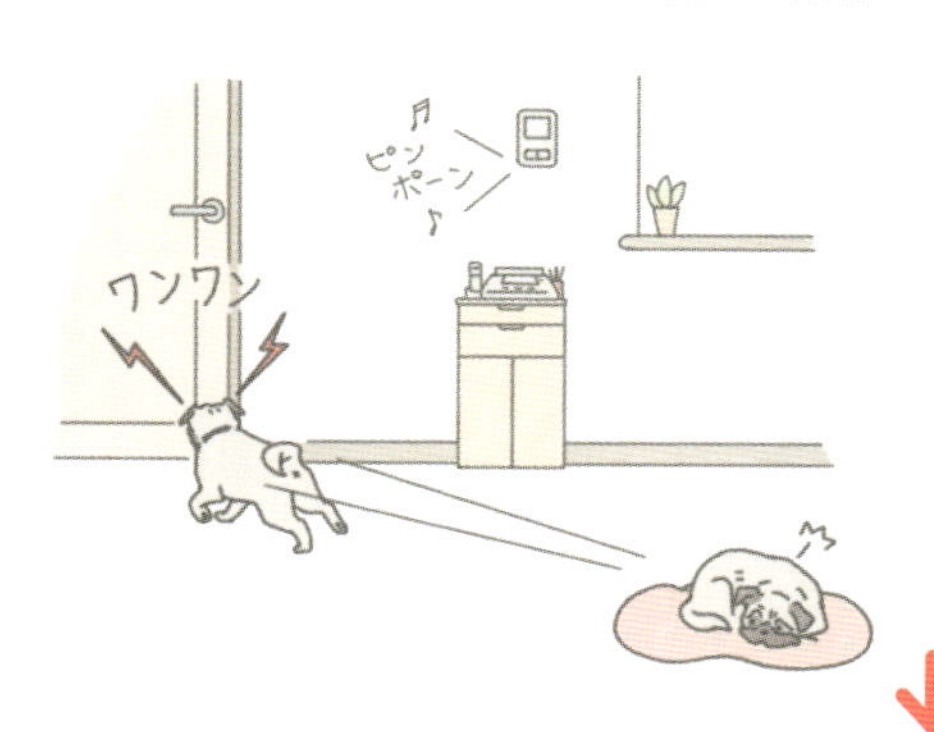

オススメ対処方法

1 インターフォンが鳴って、犬が反応しました。

2 知育玩具で所定の場所（ベッドやサークルなど）に犬を誘導します。

3 犬が知育玩具に夢中になっている間にインターフォンに対応しましょう。物音や気配の場合は、それが遠ざかるまで知育玩具で遊ばせます。

② 他の人や犬に吠える 他の人や犬に飛びかかる

相手に反応する前にごほうびで興味をそらす

散歩中、他の人や犬に対して吠えたり飛びかかったりする行動は、相手や周囲への迷惑になってしまいます。相手に興味が行く前にごほうびを愛犬の鼻先に出して、気を引きましょう。飼い主さんが愛犬の視線をコントロールすることが大切です。

散歩中は、いつものごほうびよりもランクの高いものを用意するなどして、愛犬の興味が「ごほうび＞他の犬、人」となるようにすること。また、飼い主さんが早めに吠えそうな対象を見つけ、回避しましょう。すれ違ったらごほうびを与えます。

オススメ対処方法

① 愛犬が吠えそうな相手を見つけたら、鼻先にごほうびを出します。

② 対象に視線を向けないように、犬を誘導しながらすれ違いましょう。

③ 拾い食いが多い

リードの長さを調節して口が届かないようにする

パグは好奇心も強いため、落ちているものに興味を示すことも少なくありません。予防にはまずリードを短めに持ち、物理的に落ちているものに犬の口を近づけないようにすること。P.66に掲載したようにリードを持てば、左手でリードの長さが調整できます。

犬が落ちているものに向かっていきそうだったら、リードをしっかりと短く持ち犬の頭が下がらないようにしましょう。2～3回リードをツンツン引っ張って、飼い主さんのほうを見たら、犬を促して歩くようにします。

オススメ対処方法

① リードを短く持ちましょう。落ちているものに対して、犬の口に近づかないようにします。

② リードを軽く2～3回引っ張り、犬に「行こう」と合図をします。

③ 犬が自分のほうに意識を向けたらそのまま通り過ぎていきます。

④ 物や場所を守って怒る

別の興味をひくものを与えてみる

自分の食器に執着したり、自分の好きな寝場所に執着する犬がいます。執着の度合いが過ぎて、飼い主さんが食器を片づけようとしたり、寝場所から動かそうとしたときに攻撃行動に出てしまうと問題です。有効なのは、愛犬が対象物から離れているときに行動を起こすこと。例えば食器ならば、他の知育玩具などで遊んでいるときに片づけてしまいましょう。場所を守る場合も同様に、愛犬の気に入っている知育玩具などで他の場所に誘導していきましょう。

オススメ対処方法

1 場所や食器を守ってしまったら、知育玩具など犬の気をひけるものを用意しましょう。

2 愛犬を知育玩具に移動させましょう。

3 愛犬が知育玩具に夢中になっている間に、食器などを片づけます。

5 体をさわると怒る

ランクの高いごほうびを食べさせながらなでる

パグは比較的に人なつこい犬種ですが、さわられることが苦手な子もいます。体罰を受けた、叩かれたなど、手でいやなことをされた経験がある場合は人の手をいやがる場合も……。そういうことをしないのが大前提であり、なおかつ小さい頃から体中にさわられることに慣らしておくのがベスト。

すでにさわると怒るようになっているなら、ランクの高いごほうびを食べさせつつ、少しだけ体をなでることを繰り返していきましょう。いやがったらすぐにやめて、少しずつなでても大丈夫な範囲を広げていきます。

オススメ対処方法

1 愛犬の好きなごほうびを食べさせましょう。なめたりかじったりしながら、時間が長く保つものがオススメです。

2 食べている間にゆっくりと体に触れていきます。いやがったらすぐにやめましょう。

その他のトラブル

周囲へ噛みつく

犬が噛むには、必ず理由があります。嫌いなことをされた、体が痛いのにそこにさわられた、など理由はさまざま。その理由をまず探してみましょう。噛む前には顔をしかめる、うなる、などの行動が出ます。うなり始めたらまず離れて、予防策を採りましょう。専門家への相談も視野に入れてください。

ドッグランで他の犬を追いかけ回してしまう

他の子と遊びたいのに、うまく誘えないパターンです。こちらに悪気はなくても相手の犬や飼い主さんに迷惑がかかっています。他の犬と穏やかにあいさつができるようになるまでは、ドッグランを控えたほうがいいでしょう。

来客がいる間中、激しく吠えます、複数回来てもなれません

来客にずっと吠える場合、恐怖が根底にあることが多いです。ずっとストレスにさらされるよりも、来客前に他の部屋に連れて行くなどの対処を。吠えを繰り返さないことが大切です。

交配・出産は慎重に考えよう

繁殖は大きな責任が伴うことを理解しましょう

なぜ、子犬が欲しいのか まずはよく考えて

かわいい愛犬を見ていると、愛犬の子犬が欲しい、と思う飼い主さんは少なくないでしょう。その気持ちもわかります。しかし、生まれてくる子犬はどんなに小さくてもひとつの大切な命です。その命にきちんと責任が持てるのかを、よく考えましょう。

子犬が何頭生まれるかは、母犬の個体差にもよります。平均は2～3頭くらいですが、生まれた子犬を全部自分で育てるのか、あるいは、子犬のもらい手があるのか。もらい手を探すにしても、動物取扱業の登録など必要な条件を満たしていないと、生まれた子犬を販売することはできません。

そして、母犬のことも考えてあげなければなりません。妊娠・出産にはさまざまなリスクが伴います。母犬の状態によっては、出産時に帝王切開の手術が必要な場合も出てくるからです。

スタンダードをきちんと勉強すること

純血種の犬たちは、それぞれスタンダード（P.18～19参照）によって、スタイルの規定があります。

プロのブリーダーたちは、その犬種を守り、正しい血統を残す努力や、スタンダードに近い理想の子犬を生むために、さまざまな勉強をしています。

アマチュアといえど繁殖には、それなりの知識を身につけたいものです。

産ませてはいけない犬をきちんと知っておこう

どんなにかわいくても、繁殖にはふさわしくない犬もいます。次のような場合は、交配をあきらめましょう。

●小さすぎる犬

標準サイズから見て、明らかに出産が難しいほど体が小さすぎる犬。

●スタンダードを継承するうえで、繁殖が禁止されている犬

●遺伝性疾患がある犬

子犬の将来も考え、遺伝性疾患がある犬は繁殖を避けましょう。

●慢性疾患がある犬

出産は犬にとって、体力を消耗します。交配前には必ず健康診断を。

交配・出産を望む前に確認しましょう

母犬や子犬の面倒を見る環境が整っているかどうか

出産時には母犬の介助が必要なこともあるので、そばにいてあげられるのか。帝王切開の場合は動物病院へ連れて行かなければなりません。また、生まれた子犬の世話を母犬が見ない場合、人間が１ヵ月間授乳する必要もあります。出産後も考えて、さまざまな世話ができる環境が整っているか確認しましょう。

あらかじめ動物病院で健康状態を診てもらう

交配・出産をさせても大丈夫なのか、まずは愛犬の健康状態をきちんと動物病院で診てもらい、相談することは大事です。遺伝性疾患や慢性疾患はないのか。また、感染症予防のためのワクチン接種は、交配相手のためにも、必ず受けておく必要があります。寄生虫やノミ・ダニの駆除、予防もしておきます。

信頼できるブリーダーに交配について相談してみる

お友達の犬がかわいいからと、安易な気持ちで交配相手を決めるのは避けましょう。子犬の将来のことも考え、母犬が健康な出産をするためには、交配相手は慎重に選ばなければなりません。パグの繁殖のことを知り尽くしている信頼できるブリーダーさんを探して、まずは相談してみましょう。

Column

犬の気持ちはボディランゲージからも推測できます

犬は表情以外にも、しぐさや態度で喜怒哀楽をたくさん表現してくれます。主なボディランゲージを紹介しましょう。

シッポを振る

犬がシッポを振っているときは、感情が高ぶっているとき。ニコニコした顔で近づいてくるなら、喜んでいると考えられます。しかし、立ち止まったままで顔がこわばっているなら、緊張や怖さから振っている場合も。このときに「喜んでいるんだー」と近づくと、余計に怖がらせてしまう可能性も。シチュエーションや表情をよく見てみましょう。

目をシパシパさせている

まず第一に考えられるのは、目にゴミが入ってしまった場合。または、太陽や電気の光をまぶしく感じているのかもしれません。

でも、例えば、散歩中に犬に出会ったときにシパシパさせるなら「私は敵意を持っていません」というなだめの合図。友好的な気持ちを持っているというサインです。反対に、自分の緊張を緩和させている場合もあります。他の犬からじっと見られている、知らない人に囲まれているときなどに見られます。

体をかく

「あくびをする」と同様、ストレスサインの可能性もあります。初めての場所や人に会ったときに頻繁にかくなら、緊張を落ち着かせようとしているのかも。トレーニング中にかくしぐさが見られるようになったら、犬がもうイヤになっている可能性があります。

その他、四六時中かいているなら、皮膚などに異常がある場合も。こちらも要注意です。

あくびをする

人間は眠たいときや気が抜けたときにあくびが出ます。しかし、犬のあくびには別の意味が含まれていることも。例えば、動物病院の待合室であくびを頻発する。これは苦手なことを我慢するための転位行動であり、ストレスを感じているサインです。

また、飼い主さんに叱られているときにあくびする犬もいます。これは「あなたに敵意はないです、だから怒らないでください」というなだめのサインであることも。

もちろん寝起きで、ただ単に頭をすっきりさせたいだけのあくびもあります。前後の状況をよく見て判断したほうがよいでしょう。

耳を後ろに倒している

友人の家に遊びに行ったら、犬が耳をぺたんと後ろに倒している…。そんなときは耳以外のしぐさを見てみましょう。口角があがってニコニコしている、リラックスして弾むように近づいてくるなら友好の証です。「敵意がないですよ」と示しているのです。

一方、口をむっと閉じて、体が固まっているようならストレスのサイン。ドキドキしたりちょっと怖さを感じています。

垂れ耳のパグは一見わかりにくいですが、通常の耳の位置よりも頭のラインに沿うような形でぺたんとしています。

※犬には個体差があるので、上記のボディランゲージが当てはまらない子もいます。

5

グルーミングの基本と毎日のケア

ブラッシングや歯磨きなど、毎日の習慣にしておくことは愛犬の健康のためにも大切なこと。グルーミングや日々のお手入れなどをご紹介します。

日々のお手入れとグルーミングケア

習慣化することが大切です

●日常的なグルーミングは大切！

パグは被毛が短いため、日々のお手入れやグルーミングはそんなに必要が無いように見えるかもしれません。でも、実は毎日体や被毛を触ってチェックすることは、清潔を保つということ以外にも、皮膚トラブルの有無やそのほかの体の異常などに気付くことができる、よい機会なのです。また、グルーミングは、愛犬とコミュニケーションを図る時間でもあります。そして、愛犬を体に触られることに慣らすという意味でも、日々のグルーミングは絶好のチャンスです。触られることに慣れていれば、病院での診察などもスムーズに受けられます。短い時間でもよいので、できるだけ毎日、ブラッシングをしたり、体をタオルで拭いくなど習慣をつけましょう。

●グルーミングのために用意しておくもの

毎日のグルーミング用に用意しておきたいものとしては、ブラシ類や歯磨き、爪切り、シャンプーなど。パグの場合、被毛が短く太いのでラバーブラシや獣毛ブラシを使うとよいでしょう。爪切りは、ギロチンタイプとハサミタイプがありますが、使いやすいもので構いません。ただ、人間用の爪切りではうまく切れずに爪が割れたりすることもあるので、ペット用の爪切りを用意しましょう。

歯磨きは現在さまざまなタイプのものが販売されていますが、重要なのは幼い頃から歯を磨かれることに慣れさせておくこと。成犬になってから、急に始めようとしてもなかなかうまくいきません。

用意しておくもの

お手入れのポイント

顔周りのお手入れ

口元

食べカスや唾液などが口回りの皮膚のたるみやしわの間に溜まったりすると、嫌な臭いの原因になったり、皮膚が炎症を起こすことも。歯石の様子も定期的にチェックしましょう。

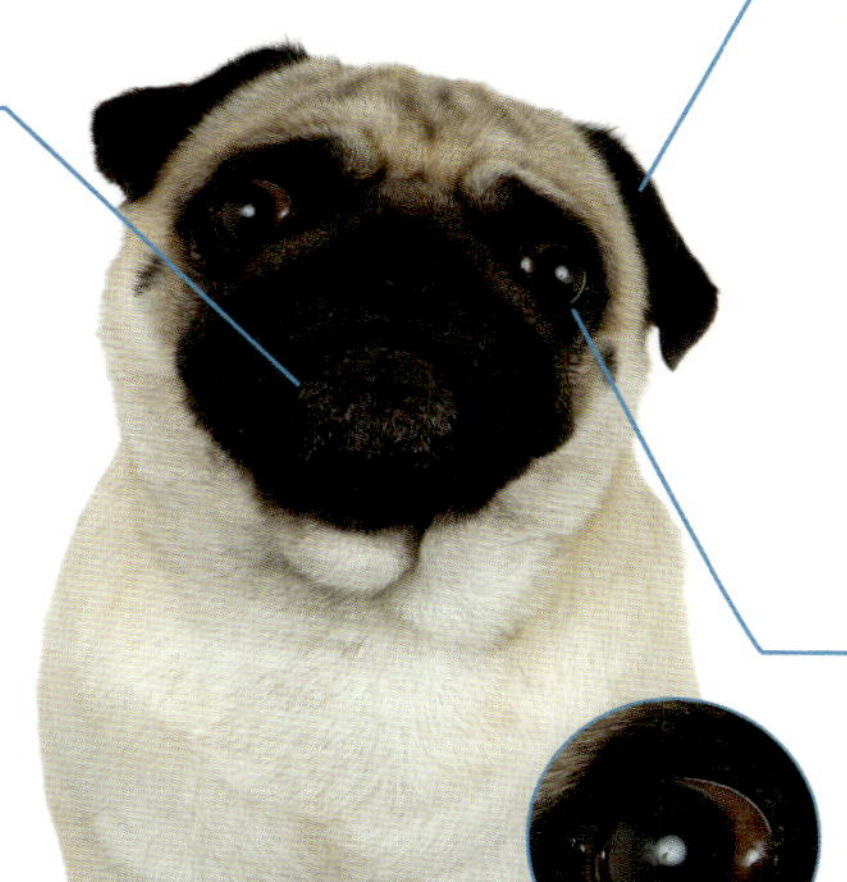

耳

毎日拭く必要はありませんが、定期的に耳の中が汚れていないかチェックをします。耳ダニや異臭がしないか確認しましょう。

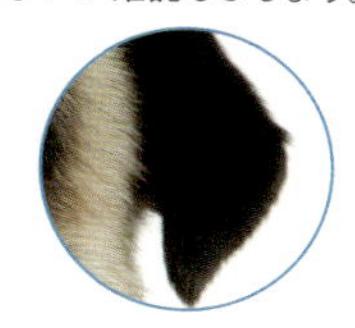

目

パグは目が大きく、そのために傷ついたりしやすい部分。充血したり、目ヤニが多いなどの変化がないか、チェックをしましょう。

ボディ周りのお手入れ

背中

ブラッシングをしながら、不自然な脱毛や炎症、傷やしこりなどがないかなどを触りながらチェックします。

足元

爪やパッド部分だけでなく、指の間なども時々チェックするのを忘れずに。特にアウトドアに出かけた後などはダニなどもついていないか確認しましょう。

お腹

皮膚の炎症などが起こりやすい部位なので、皮膚が赤くなったり湿疹などがないかチェック。特に脚の間などは見落としやすいのでよく確認しましょう。

顔周りの日常のお手入れ

蒸しタオルで顔を拭く

口元や頭部などを蒸しタオルで拭いてあげましょう。蒸しタオルの温度は熱くなりすぎないように注意します。

シワの間を拭く

シワの間は皮脂や汚れが溜まったりしやすい場所。皮膚炎の原因になったり、臭いの原因にもなるのでウェットティッシュやタオルなどでしっかり拭くようにしましょう。

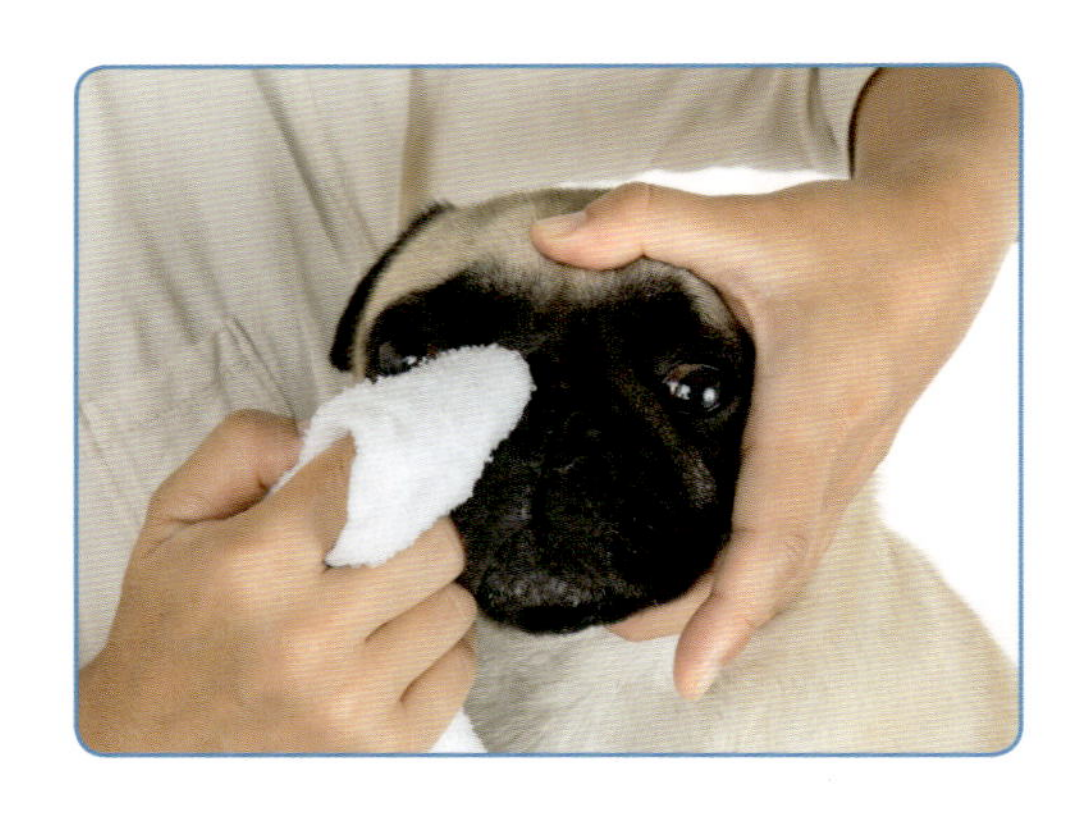

歯磨き

歯磨きは小さな頃から慣らしておけば、抵抗なくできるようになります。歯石があまりにも溜まっている場合には無理に取ろうとせず、動物病院で取ってもらいましょう。

ボディ周りの日常のお手入れ

ブラッシングをする

パグは意外と抜け毛は多いので、ブラッシングは大切です。ブラシは獣毛ブラシやラバーブラシを使うと便利です。皮膚のマッサージにもなるので、できれば毎日ブラッシングしてあげたいものです。

蒸しタオルで拭く

全身を蒸しタオルで拭くこともおすすめです。特に足の間やワキの部分など、汚れや皮脂が溜まりやすい部分などはしっかり拭くようにしましょう。

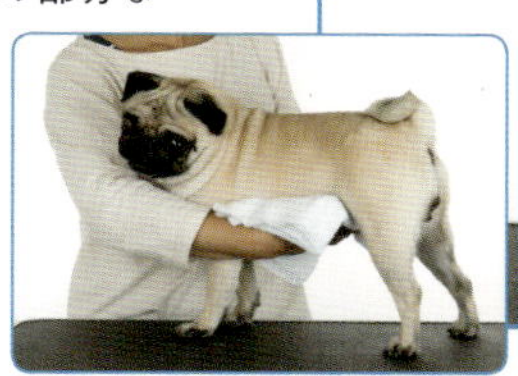

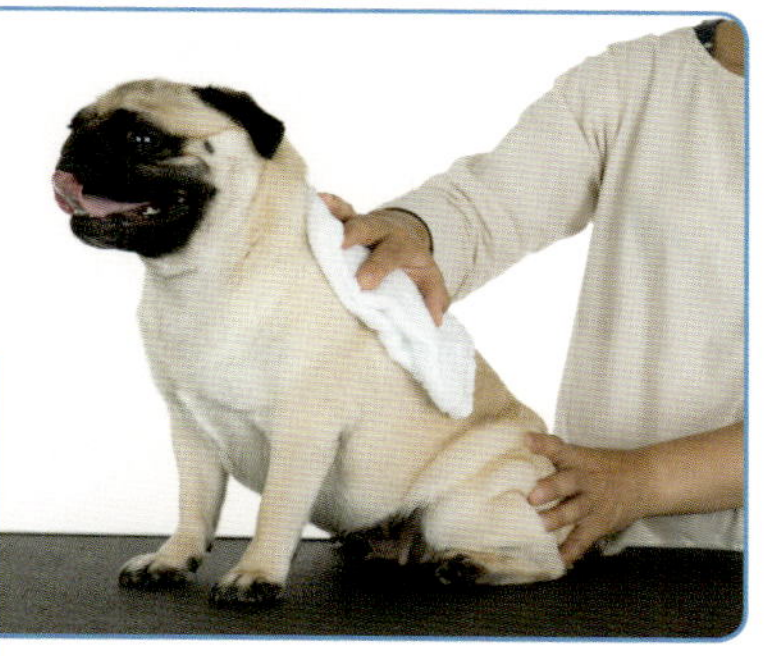

この部分も忘れずに時々チェック！

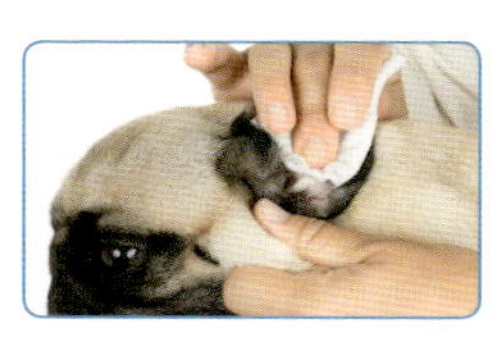

耳の中

耳の中も定期的に覗いてみて、汚れている場合にはガーゼやタオルなどを使って軽く拭いてあげましょう。市販のイヤーローションを使うのもよいでしょう。汚れがひどい状態が続く場合には外耳炎や皮膚炎、耳ダニなどの影響のこともあるので、動物病院で診てもらいましょう。

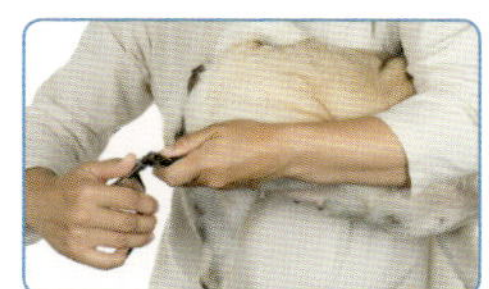

爪切り

爪は散歩などで擦り減ってくれますが、あまり伸びてしまうと、折れたりすることもあるので、定期的に切る必要があります。ただ、慣れないと深爪をしてしまい、出血をしてしまうこともあります。不安な場合には動物病院やトリミングサロンで切ってもらいましょう。

シャンプーとドライング

生乾きは禁物。しっかり乾かしましょう

シャンプーをするときは、原液をそのまま体につけるのではなく、洗面器などに入れ、水で薄めて泡立ててから泡を付けるようにすると、皮膚などへの刺激も少なくなり、洗いやすくなります。パグの場合は汚れや皮脂がシワの間などに溜まりやすいので、洗う時には洗い残しがないようしっかりシワの間も洗ってあげましょう。

・パグのシャンプー

犬の被毛や皮膚と人間の髪の毛は性質が異なります。ですから、人間用のシャンプーやせっけんで犬の体を洗うと、被毛や皮膚を傷めることがあります。シャンプーをする場合には、犬用のシャンプーを使うようにしましょう。

また、洗うペースも人間のように毎日洗う必要はありません。2週間に1回程度のペースで十分です。あまりこまめに洗うと、皮脂が落ちてしまい、被毛などを傷めることもあるので、注意しましょう。お尻や足元など汚れやすい場所は、その部分だけ部分洗いするのもよいでしょう。

洗う順番

犬の体を洗う場合には、まず足元、次にボディ、そして頭部という順番に洗っていきます。そして流す場合には頭部からボディ、そして足元という順番で流していけば、シャンプーの流し忘れが起こりにくくなります。また、水を怖がったり、シャンプーを嫌がる犬の場合には、いきなりシャワーをかけるのではなく、体にタオルをかけて、それを濡らしていくことで、びっくりさせないようにして少しずつ水や洗われることに慣らしていくとよいでしょう。

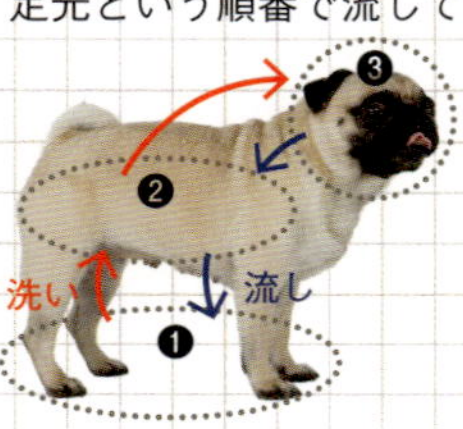

・パグのドライング

犬の体を洗う場合、実は洗った後、きちんと乾かすことのほうが大切です。生乾きのまま放置すると、雑菌などが繁殖して、皮膚にダメージを与えたりすることもあります。そういったことを避けるためにも、しっかり乾かす必要があります。ただ、犬の被毛や皮膚は体の部位によって乾きやすい部分と乾きにくい部分があったりして、完全に乾かすには意外と時間がかかります。吸水性の高いタオルやドライヤーなどを使って、しっかり乾かしてあげましょう。

シャンプーが終わったら、まずはタオルを使って、できるだけ水分をふき取っておきます。水滴は上から下に落ちていくので、拭く時も体の上のほうから下に向かって拭いていきます。ある程度水分が取れたら、ドライヤーを使って乾かしていきます。最初は強めの風を毛の流れに沿うように当てて、水分を飛ばすように乾かしていきます。

風を当てにくい足の間やお腹周りなどはタオルで水分をふき取りながらドライヤーで乾かしていくとよいでしょう。こういった部分は濡れたままにしておくと、炎症を起こしたりしやすい部分でもあるので、しっかり乾かします。ある程度乾いてきたら、風を弱め、手やブラシを使いながら、しっかり乾いたか確認しながら仕上げていきましょう。ドライヤーで乾かしていくと、かなりの量の毛が落ちるので、タオルなどを敷いたうえでドライングをすると、あとで掃除が楽になります。

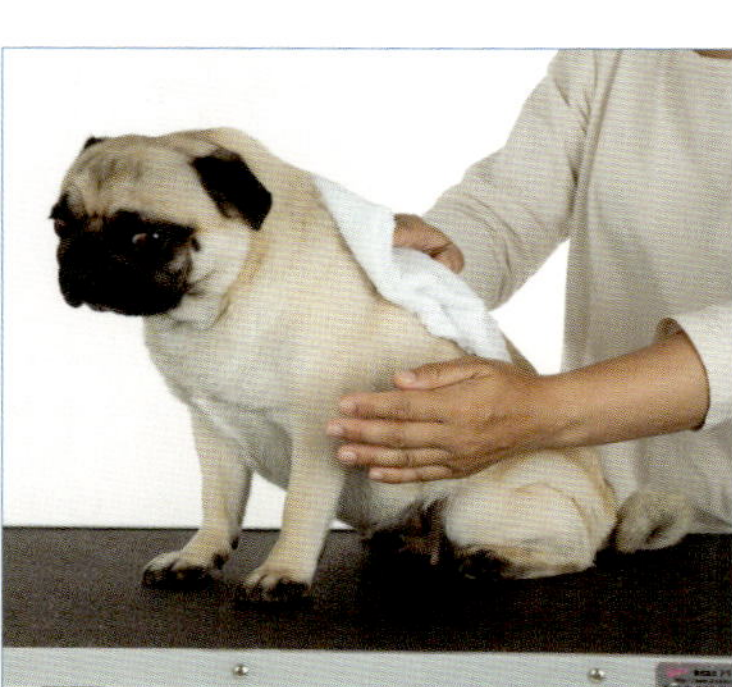

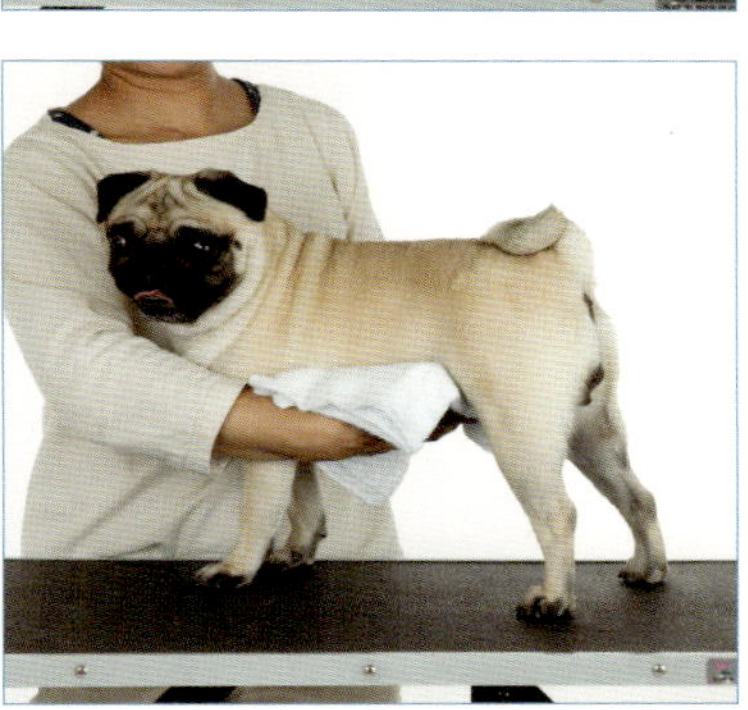

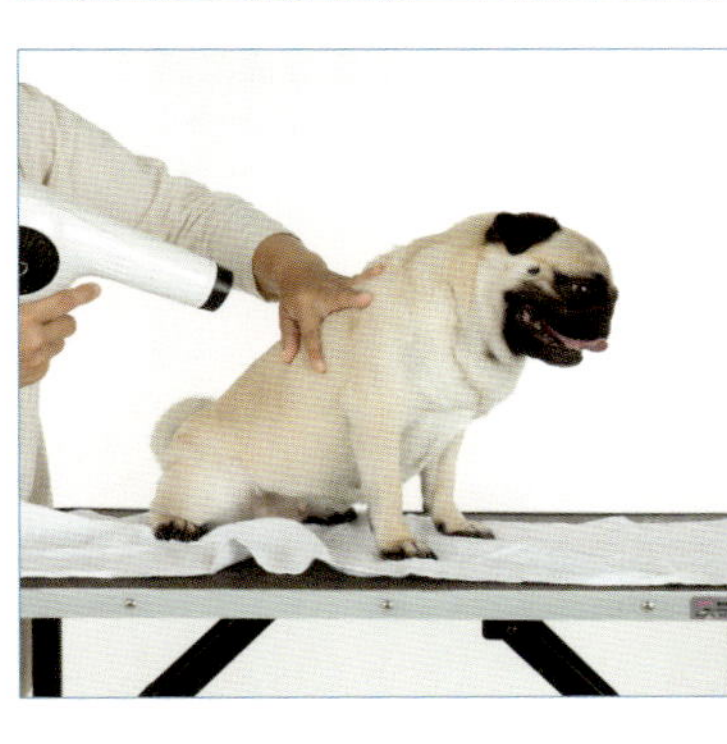

Column

ペット保険って必要？

犬だけに限らず、動物医療は日々めざましい進歩を続けています。昔であれば診断できなかったり、治療が難しかった病気も、診断や治療ができる病気が増えてきました。

そのおかげで、犬の寿命も昔に比べて延びているのは確かなことです。そして、動物医療の高度化にともない、ときに医療費が高額になる場合もあるものです。

人間には、国民健康保険のような公的な健康保険制度があり、医者にかかったときの医療費を全額負担することはありません。動物には公的な健康保険制度はないため、愛犬が動物病院にかかった場合の医療費は、飼い主さんが全額自己負担することになります。

そこで、少しでも負担額を減らせることができればとペット保険へ加入する飼い主さんも増えています。ペット保険は任意で加入する保険であり、加入したプランに応じて、医療費が補償され、自己負担額が減るというものです。損害保険会社や少額短期保険業者が手がけています。

ペット保険にもさまざまな種類がありますから、よく調べたうえで、必要かどうかを判断することが大切です。加入するには年齢制限があったり、健康上の条件があり、持病がある犬は加入できない場合もあります。年齢を重ねるにつれ病気にかかりやすくなることもあり、医療費がかさむからペット保険に入ろうと思っても、愛犬がシニアになってからは加入できないこともあるので、なるべく若い頃に検討しておくことです。

保険会社やプランによって、医療費の補償割合や保険料にも違いがあります。動物病院でかかった医療費のすべてに保険が適用になるわけでもありません。避妊・去勢手術やワクチン接種など、病気やケガの治療ではないものは適用外となります。病気やケガの治療でも保険会社によって保険が適用するものと適用しないものが違うこともありますから、補償内容をよく読んでおく必要があります。

また、保険金を請求するにあたっては、動物病院の会計時に補償分を引いて精算されるものと、後日保険金を自分で請求するものとがあります。請求手続きの方法や保険金が振り込まれるまでの期間も保険会社によってさまざまなので確認しておくことが大事です。

ペット保険に入っていたおかげで、愛犬がもし大きな病気やケガをしたときでも、治療法の選択肢が広がるというメリットはあります。もちろん、愛犬が健康でいてくれたら、保険を使わないままという場合もあります。ペット保険が必要かどうかは、飼い主さんのそれぞれの考え方によります。そしてペット保険に加入する場合は、しっかり比較してから選ぶようにしましょう。

6

シニア犬との暮らし方

犬も人間と同様にシニアになると若い頃と同じようには動けなくなったり、病気がちになったりしていくもの。シニア犬との暮らしのポイントをまとめてみました。

老化のサインを知っておこう

体や行動の変化を見逃さないようにしましょう

老化に伴う変化にはいろいろある

犬も人間と同様に、老化は避けられないもの。老化とは病気が原因で起こるのではなく、年齢とともに自然に体のさまざまな部分が衰えてくることです。そして、そこから2次的に病気を引き起こす場合が増えてきます。

犬の老化は、4歳頃からすでに始まっていると言われています。ただ、老化による衰えは、年齢が若いうちは目立たないことが多いのです。

老化による変化が少しずつ目立ってきて、「なんとなく目が白っぽくなってきたかな」「白髪がでてきたかな」などと、飼い主さんが気づきやすくなってくるのが7歳以降です。

老化に伴う変化にはいろいろあり、犬によっても違いがあります。どこに最初に老化による変化がでてくるのかも、さまざまです。

人間は体の不調を自覚することができて、なにかあれば自分で病院へ行くことができます。でも、犬はなにかしらの不調が起こっても、飼い主さんに気づいてもらわないと自分で対処することはできません。それだけに、そばにいる飼い主さんが愛犬の変化に気づいてあげることが大切です。

愛犬の変化が、老化の症状かなと思っても、もしかしたら病気が原因だったという場合もあります。老化のサインを見逃さないようにして、少しでもおかしいなと思ったら、早めの対処を心がけてあげましょう。

年だから仕方がないですませないこと

シニア期に入って愛犬になんらかの変化があらわれた時に、「年だから仕方がない」と思わないことは大事です。変化の原因は、老化なのか、それとも病気なのか、必ず動物病院で診てもらい、区別してもらうようにします。

年齢とともに見られる主な変化

体の変化

まず気づきやすいのが目の変化。５～６歳になると核硬化症が起こります。これは人間の老眼と同じで老化現象のひとつ。目が白く濁って見えるのが特徴です。白髪が目立つようになったり、毛づやがなくなるなど被毛にも変化があらわれてきます。筋力が落ちてくると歩き方がふらつくなどの変化も見られます。

行動の変化

老化とともに行動にも変化がでてきます。若い頃に比べて寝ていることが多くなり、関節や筋肉が衰えてくると起き上がるまでに時間がかかるようになったり。これまでは飼い主さんが帰ってきたら喜んで出迎えていたのが反応しなくなったり。愛犬の行動をよく見ておくようにしましょう。

こんな様子が見られませんか？

- □目の奥が白っぽくなっている
- □白髪が目立ってきた
- □毛づやがなくなった
- □毛量が減ってきた
- □背中が丸まり、頭が下がりぎみ
- □皮膚が乾燥または脂っぽくなった
- □皮膚にできものが見られる
- □モノにぶつかる
- □寝ている時間が増えた
- □呼んでも反応しなくなった
- □立ち上がりにくくなった
- □ジャンプしなくなった
- □歩き方がふらついている
- □トイレを失敗するようになった

シニア犬の食事と運動

健康維持のためにも適切な食事と運動を心がけます

シニア期に合わせた食事内容に切り替えを

若い頃から健康維持のために食事の内容に気をつけるのは大切なことですが、年齢を重ねてきたら、より気を使うようにしなければなりません。

シニア期になると心臓や関節など、さまざまなところに影響がでてきやすくなります。さらに、若い頃に比べて代謝能力が落ちてくるため、腸での消化吸収機能も低下してきます。

老化の進行を少しでも遅らせるだけでなく、高齢になると増えてくるさまざまな病気の予防のためにも、シニア犬に必要な栄養が含まれた食事内容に切り替えます。高品質で消化のよいたんぱく質を与えてあげましょう。

また、運動量が減り、筋肉量が低下してくるため、若い頃よりもエネルギー代謝も減ります。ホルモン系の病気の症状の中には、食べないのに太りやすくなるものもあります。カロリーの面でも注意が必要です。

シニア用のドッグフードには、必要な栄養素がバランスよく含まれているだけでなく、カロリーも控えめになっているので安心して利用できます。

手作り食であれば、塩分を控えめにして味付けを濃くしない、低脂肪で良質のたんぱく質を選ぶこと。例えば、鶏のささみや脂肪の少ない赤身の肉、白身の魚などです。

食欲が落ちているときには、食事を温めて匂いを強くするなど、食欲をそそるような工夫をしてあげます。

サプリメントの使用は動物病院に相談しよう

関節の健康維持をサポートするコンドロイチンやグルコサミンをはじめ、シニア犬用のサプリメントもいろいろあります。ただし、過剰摂取はトラブルの原因になることもあるため、使用にあたっては動物病院に相談しましょう。

散歩はできるだけ続けることが大切

　年齢を重ねるにつれ、筋肉や関節などが衰えてくるため、少し歩くと疲れてしまうなどして、若い頃と比べて散歩の時間も短くなりがちです。

　散歩や運動をしなければ、ますます筋肉や関節が弱ってしまいます。体に特に問題がなく、歩くのが好きな犬であれば、愛犬のペースに合わせてゆっくり時間をかけて散歩を楽しませてあげましょう。筋肉や関節、神経機能の衰弱を少しでも抑えるためには、歩くことはとても大事です。

　ただし、心臓が悪くなっていたり、関節炎があったりなど、獣医師から運動を止められている場合は別です。

　散歩中は愛犬の様子をよく見ておきましょう。今まではちゃんと歩けていたのに、途中で動かなくなってしまったら、なにかしら異常が起こっている可能性が考えられるので、すぐに動物病院で診てもらうようにします。

　犬にとって散歩は運動のためだけではありません。家の中では味わえない新鮮な空気、風の感触、さまざまな匂いをかぐことで気分転換になります。

　たとえ歩けなくなっても、抱っこしたり、カートを利用するなどして、気分転換としての散歩はできる限り続けてあげたいものです。

シニア期の散歩の注意点

無理なく歩かせる工夫を

　体に問題はないけれど歩きたがらないなら、家から少し離れた場所まで抱っこして行きます。そして、家に向かって歩かせるようにするのもひとつの方法です。家に早く帰りたくて歩く犬は意外と多いものです。

天候や時間帯は選ぶこと

　体力を消耗しやすいので、雨風が強いなど天候の悪い日は無理に外へ出さないこと。また、5月以降は熱中症を起こす可能性があるため、早朝や夜に行いましょう。ただし、熱帯夜の場合は夜でも外へ出さないようにします。

シニア犬の注意したい病気

パグのシニア犬に多い病気を知っておきましょう

目の病気

◆ドライアイ（乾性角膜炎）

パグは年齢を重ねるにつれてドライアイがひどくなる傾向があります。そのままにしておくと、角膜の表面を傷つけてしまいます。朝起きたときに白い目やにが多く見られるようになったら、ドライアイを疑ってみます。

◆色素性角膜炎

パグはドライアイや角膜潰瘍が多いこと、鼻のまわりのシワが目にかかって、その被毛が角膜を慢性的に刺激していることなどが原因です。これらの慢性的刺激によって角膜の表面にメラニン色素が沈着し、やがてその部分が黒くなるのが色素性角膜炎です。

初期のうちは、茶色の斑が角膜の表面に見られるだけです。症状が進むにつれて色素が濃くなり、ドライアイでは角膜全体に色素が沈着するために目が見えなくなってしまいます。早めに異変に気づいてあげましょう。

皮膚の病気

◆脂漏性皮膚炎

体をなでたときに、べたつく場合は、脂漏性皮膚炎を疑ってみます。パグは若い頃から脂漏性皮膚炎を起こしている場合が多いのですが、年齢とともにより症状は悪化しやすくなります。

◆指間性皮膚炎

指と指の間に異物などがはさまったなど、なんらかの刺激を受けて炎症を起こす病気です。この病気は年齢にかかわらず発症するものですが、高齢になると免疫力の低下とともに皮膚の炎症が悪化しやすいので気をつけます。

◆ニキビダニ症

健康な犬でもニキビダニは常に毛穴に寄生しています。皮膚の免疫力が弱くなると増殖し、脱毛や炎症を引き起こします。脱毛した部位の皮膚が赤く腫れあがることもありますが、強いかゆみはでません。

呼吸器系の病気

◆気管虚脱

肺に空気を送る気管が扁平につぶれてしまう病気です。空気をうまく送れないため、呼吸困難になってしまいます。アヒルの鳴き声のようなガーガーとした咳をするのが特徴です。

この病気以外にも、軟口蓋過長などがある犬は高齢になると呼吸器系の病気が悪化しやすいので要注意です。

ホルモン系の病気

◆甲状腺機能低下症

甲状腺ホルモンの機能が低下することで、さまざまな症状を引き起こす病気です。主な症状として、元気がなくなる、寝ていることが多くなる、食べないのに太ってくる、真夏でも寒がる、脱毛する、皮膚病が治りにくいなど。

寝てばかりいるのは年のせいだと思っていたら、実はこの病気が原因だったという場合もあります。

◆クッシング症候群

副腎皮質機能亢進症ともいわれ、副腎皮質ホルモンが過剰に分泌されることで、さまざまな症状を引き起こす病気です。主な症状として、水をよく飲む、食欲旺盛でたくさん食べる、腹筋がゆるくなるためお腹がたれさがる、呼吸がやや早くなる、脱毛、皮膚病が治りにくい、など。

高齢になると食事の量は多少減ってくるものです。10歳を過ぎて、よく食べていたら、もしかしたら病気が影響していないのか疑ってみましょう。

そのほかの病気

〈泌尿器・生殖器系の病気〉

膀胱結石による排尿困難、腎不全、未去勢のオスは前立腺肥大、未避妊のメスは子宮蓄膿症。

〈悪性腫瘍〉

犬の腫瘍にもいろいろありますが、パグの場合、特に注意したいのが肥満細胞腫、リンパ腫など。

〈足にまつわる病気〉

歩き方がおかしい場合は、関節や神経系の病気を疑います。考えられるものとして関節炎、馬尾症候群、変形性脊椎症、椎間板ヘルニアなど。

またパグだけでなく、シニア犬に多いものに心不全、歯周病など。

認知症について

犬の認知症とはどのようなものか知っておきましょう

●年齢を重ねるにつれて発症の可能性がある

人間と同じで、犬も高齢になると認知症の問題がでてきます。パグは犬種的に認知症の発症は少ないですが、全く起こらないわけではありません。あらかじめ認知症に関しての知識があれば、いざというとき安心です。

認知症とは、病気や薬などが原因ではなく、加齢に伴って起こるものであり、脳の解析能力が鈍くなって、行動にさまざまな変化が見られる状態のことをいいます。変化としては状況判断ができなくなったり、異常な行動を引き起こすなどがあります。発症年齢としては12歳以降、年齢を重ねるにつれ増えてきます。

認知症は早期に発見し、対処していけば、進行をゆるやかにすることが可能であり、改善する場合もあります。

そのためには、愛犬の様子をよく見ておき、今までとなんとなく違う行動をしているかなと思った段階で、早めに動物病院で診てもらいましょう。

●発症したら獣医師と相談しながら対処を

重度の認知症になってしまうと、飼い主さんもいろいろ大変になってくることもでてきます。一緒に暮らすうえで、どんなことが問題になるかは、環境だったり、飼い主さんの考え方によっても違いがあります。

獣医師とよく相談しながら、どのような対処や治療をしたらいいのかを決めていきましょう。

認知症の治療法には、いくつかありますが、主なものは次の通りです。犬にできるだけストレスのかからないような環境作りをする環境療法。犬を叱らない、適切な運動を心がけるなどの行動療法。ＤＨＡやＥＰＡ、抗酸化物質の含まれたサプリメントやフードを与える栄養療法。薬を使う薬物治療などがあります。愛犬の状態に合わせて、治療を行っていきます。

また、予防策として認知症を発症する前から、認知症用サプリメントを飲ませ始めると発症しにくいといわれています。できればあらかじめ対策をしておきたいもの。サプリメントについては動物病院で相談してみましょう。

認知症にみられる症状

認知症の症状としては次のようなものがあり、進行するにつれて増えてきます。ただ、似たような症状をあらわす病気もあるので、勝手に判断せず、愛犬の行動の変化が認知症によるものなのか、ほかの病気によるものなのかを必ず動物病院で診てもらいましょう。

見当識障害

たとえば、いつも同じ場所に置いているトイレの場所に行けなくなるなど、今までしっかりとわかっていたことがわからなくなってしまいます。

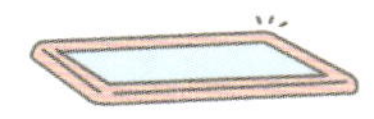

相互反応の変化

よく知っていた人や犬が、わからなくなってしまう。威嚇するようになったなど、コミュニケーションの変化が見られます。

睡眠と覚醒の周期変化

寝ている時間が今までに比べて増えくる、昼夜が逆転し、昼間は寝ていて夜間に起きてウロウロするなどの様子が見られます。

排泄の変化

これまでは決められたトイレの場所でできていたのに、粗相をするようになるなど、排泄が上手くできなくなってしまいます。

活動量や内容の変化

これまでは活発だったのに活動量が減ってきた、または終始歩いているなど、今までとは違う行動をするようになってきます。

こんな行動をしていたら認知症を疑って

- □排泄を失敗することが増えた
- □今までに比べ吠えることが多くなった
- □隙間に頭を突っ込んだまま動けない
- □行ったり来たりをくりかえす、ぐるぐると回り続ける、うろつき歩く
- □ぼ〜っとして焦点が合わない目をしている
- □今まで以上にやたらと甘えてくる
- □撫でられたり、触られたりするのを嫌がるようになった
- □落ちたフードをなかなか探せない

Column

愛犬との別れとペットロス

人間に比べると犬の寿命は短いものです。元気で暮らしているときには、あまり考えたくはないのですが、いつかは必ず愛犬とお別れのときはやってきます。飼い主なら誰もが通らずに過ごすことはできない現実です。

やがて「その日」が訪れたなら、これまでたくさんの笑顔と思い出をくれた感謝をこめて愛犬を見送ってあげたいものです。

見送り方には、こうしなければいけないという決まりはありません。どのようにしたいかは飼い主さんの考えにもよります。

動物専門の葬儀をとりおこなう会社やペット霊園などは数多くあるので、それらに葬儀や供養をお願いする飼い主さんが多いようです。亡くなった愛犬を自宅まで引き取りにきてくれるのか、それとも自分で連れて行くのか。火葬が合同なのか、個別なのか、など形式にはさまざまあります。費用もいろいろですから、くわしい内容を聞いてお願いするところを選ぶようにします。悩んだときは、かかりつけの動物病院や愛犬を見送った経験を持つ友人に相談してみるのもいいでしょう。

愛犬を見送りしてから、忘れてはならないことが残っています。亡くなって30日以内に畜犬登録をしている市区町村の役場に犬の死亡届の手続きをしなければなりません。必要事項を記入した死亡届とともに犬鑑札、狂犬病予防注射済票を返却します。

長年一緒に暮らしてきた愛犬を失う悲しみは、耐えがたいものです。いつまでもその悲しみからなかなか立ち直れない人も少なくありません。「ペットロス」とはこのようにペットを失った悲しみのことをいいます。

亡くなった愛犬に対して「もっとこうしてあげたらよかったかもしれない」「あのとき早く気づいてあげたら」など、悔やんだり自分を責めてしまう気持ちもわかります。ペットロスを乗り越えるためには、悲しい気持ちにきちんと向き合い、思う存分、愛犬のことを考えてあげるのが大事なことなのです。

愛犬を失った悲しみは忘れたり、消したりは出来ないものですが、愛犬と過ごしてきた楽しい思い出も決して消えることはありません。亡くなったという現実を受けとめ、泣きたいときに思い切り泣く。ペットロスを乗り越えるための方法にもいろいろあります。自分に合った方法を見つけて、少しずつ気持ちが落ち着いてくるのを待ちましょう。飼い主さんが元気を取り戻してくれることを、旅立った愛犬もきっと望んでいるはずです。

ペットロスを乗り越えるために

- **悲しい気持ちを肯定する**
  自分の気持ちを素直に表現し、泣きたいときには思い切り泣くことです。
- **決して無理をしない**
  心身ともに疲れているもの。無理せずがんばりすぎず、ゆっくり休むことも必要です。
- **同じ経験をした人と話す**
  ペットを亡くした経験を持つ人と話をして共感してもらうことで気持ちも落ち着きます。

7

12ヵ月の健康と生活

日本には四季があり、季節ごとに飼育環境への影響も変わります。日々を元気に暮らすために必要なこと、知っておきたいことなどを月ごとにまとめてみました。

1月

新しい年も愛犬が元気に健康に過ごせるような配慮を

暮らしの注意点

誤飲や思いがけない事故に気をつけて

新しい年の始まりです。この1年も愛犬が元気に、そしてお互いが楽しく過ごせるようにと、どの飼い主さんも願うことではないでしょうか。

さまざまな年間の計画を立てることも多いと思いますから、その中に愛犬の健康管理の計画も加えてみてはいかがでしょう。健康診断や予防接種の時期などを、あらかじめカレンダーや手帳に記入しておけば、うっかり忘れてほかの予定を入れてしまうこともありません。愛犬との旅行など楽しい計画ももちろん大切ですが、犬は自分では健康管理ができないだけに、身近にいる飼い主さんがしっかり管理してあげたいものです。

お正月には、人間だけでなく愛犬にもごちそうを食べさせる機会も増えます。この時期はステーキ肉など、食べ物を喉に詰まらせるトラブルが多いのでくれぐれも気をつけましょう。

パグは犬種的に喉が狭く、これくらいの大きさなら大丈夫だろうと思っていても意外と喉に詰まらせやすいのです。顎の力も弱いため、引き裂いて食べることも得意ではありません。食べ物は小さく切ってあげると安心です。ただし、人間用に調理されて味付けが濃いものや犬が食べてはいけない食材（ネギ類などが含まれたものなど）はもちろん与えないこと。

お正月休みを利用して、愛犬を連れて雪が多い地方に帰省や遊びに行くときは、思わぬ事故にも気をつけておきます。一面雪だから遊ばせてあげようと犬が走りまわっているうちに川に落ちてしまったり、崖から落ちたりなどで骨折する可能性もあります。初めての場所で雪遊びするときは、まわりの環境をよく確認しておくことです。

日常のケア

体調にあわせた湿度管理を

パグは皮膚が脂っぽい傾向があり、そのため皮膚の病気にかかりやすいものです。温度が高くて湿度も高いと、皮膚にかゆみがでやすくなります。

室内の湿度が乾燥気味のほうが皮膚病のある犬にはいいですが、心臓や呼吸器系疾患を持っている犬は乾燥しすぎると咳がでやすくなります。また、湿度が高すぎてしまっても、肺に問題がある犬は呼吸が苦しくなる傾向があります。寒い時期は室内の温度管理だけでなく、愛犬の状態にあわせて湿度も調整してあげましょう。

子犬やシニア犬の場合

子犬やシニア犬で、寝床を暖めるためにペットヒーターを使っている場合は低温やけどに気をつけます。とくにシニア犬は寝ている時間が長くなるので、ときどき確認してあげます。子犬はなんにでも興味を持つものです。こたつやファンヒーターなど電気製品のコードをかじって感電する事故も少なくありません。コードはカバーをするなどの予防を。

2月

1年で一番寒い時期なので温度管理がより大切です

暮らしの注意点

散歩に出るときは寒暖差に注意して

年間を通して、2月は一番寒い日が多い月です。短頭種のパグは冬のほうが呼吸器系のトラブルが起こることは少ないです。しかし、短毛種ですから冬の寒さは苦手です。2月はより温度管理に気をつけてあげましょう。

節分で豆まきをしたときは、きちんと豆を片付けておきます。豆は犬にとって消化が悪いため、食べ過ぎてしまうと下痢を引き起こします。

室内を暖かくしておくことは大事ですが、寒暖差にも注意が必要です。散歩に行くときは、暖かい部屋から、いきなり寒い外へ出さないよう気をつけます。心臓や呼吸器系の病気をかかえている犬は特に注意しましょう。寒暖差で刺激を受けて、咳が出たり、ショックを起こすこともあるからです。

散歩に行くときは、暖かい部屋から出たら、まずは廊下や玄関先など少し気温の低い場所で1～2分でもいいので体を慣らしておきます。それから外に出すようにと段階をふんであげると寒暖差による負担が軽減できます。

また、寒い時期はどうしても太りがちになってしまいます。その原因として、ふたつ考えられます。ひとつは、夏の暑い時期は食欲は減りますが、涼しくなった秋くらいからは、人間と同じように犬も食欲が増してきます。もうひとつは、寒くなると飼い主さん自身が寒がって散歩をさぼってしまったり、地域によっては大雪でなかなか外に出ることができなかったり、そのために運動不足になるからです。散歩になかなか行けない場合は、意識して室内で遊ぶ時間をつくりましょう。

日常のケア

ブラッシングで血行を促します

冬の寒さ対策のひとつとして、皮膚の新陳代謝を高めてあげるのも効果的です。そのためには、ブラッシングや皮膚のマッサージを毎日おこなってあげましょう。血行が促進され、保温効果が高まります。

冬だし、換毛期じゃないからそんなに熱心にブラッシングしなくてもいいかな、ではなく、寒い冬だからこそブラッシングで血行をよくしてあげることが大事なのです。

また、散歩で雪に濡れたりしたら、濡れた部分はしっかり拭いて、乾かしてあげます。濡れたままにしておくと皮膚病などを引き起こす原因になってしまいます。もし汚れていたら、洗って清潔にしておきましょう。

子犬やシニア犬の場合

子犬も真冬のケアとして、ブラッシングを行います。楽しく慣らしていくことが大切です。パグには少ないですが、遺伝性の病気のひとつに寒冷凝集素症があります。耳の先や爪、尻尾などの末端が寒さによって血行障害を起こすものです。ひどくなると壊死してしまいます。子犬のうちは耳の皮膚も薄いので、寒い時期はとにかく暖かくしておくこと。

シニア犬も甲状腺機能低下症などホルモン系の病気をかかえている犬は特に寒さがこたえます。防寒対策とあわせて、暖房器具による低温やけどにも気をつけておきます。

3月

気温の変化にはくれぐれも注意してあげましょう

暮らしの注意点

散歩中の誤食には気をつけておく

少しずつ春に向けて暖かくなりはじめる時期です。日差しが暖かくなり、気温が20℃前後になると、犬にとって快適な生活が送れます。湿度も高くなく、犬が過ごしやすい気温の日が多いので、日本では1年を通してほかの月に比べると3月と11月は病気の発症が少ないといわれています。

ただし、まだまだ寒い日もありますから油断は禁物。暖かい日と寒い日との寒暖差が激しいため、そのストレスから体調を崩しやすいものです。体調不良から下痢などを起こす犬が出てくることもあります。

気温の変化に注意して、愛犬の様子

をよく見ておきましょう。少しでもおかしいかなと思ったら、早めに動物病院で診てもらうことが大切です。

暖かくなると、散歩や愛犬を連れて外へ出る機会も増えてきます。それと同時に外での誤食によるトラブルも増える時期でもあるため気をつけます。

冬場に比べ、温度が高くなると落ちている食べもののにおいが強くなります。草木が芽吹く時期でもありますから、新しい草が生えてくることで、草むらに落ちているものを犬が口にしても気づかなかったりします。

また、草を食べたがる犬の場合は、できるだけきれいな場所の草を選んであげることが大事です。他の犬や動物の排泄物などが多そうな場所では、感染症の心配があるからです。

愛犬が草を異常に食べる場合は、肝臓など体のどこかにトラブルをかかえている可能性も考えられます。気になるようなら動物病院で受診を。

気温が高くなってくるこの時期からノミが出てくるため、ダニに加えてノミ予防対策も忘れずに行います。

日常のケア

換毛期には入念なブラッシングを

暖かくなってくると、犬によってはそろそろ冬毛が抜けてきて夏毛が生える換毛期がはじまってきます。

冬場にたくわえられた毛がどんどん抜けてきますから、ブラッシングでいらない毛を取り除いてあげることが大切です。ブラッシングは新陳代謝を活発にして皮膚の状態をよくすることにもつながります。

また、除草剤をまくことが増える時期でもあるため、散歩中に犬の足についてしまう場合もあります。帰ったら足をよく洗うことも大切です。

子犬やシニア犬の場合

この月だけとは限りませんが、ワクチン接種を終えていない子犬の場合は感染症から守るためにも、草むらに連れて行ったり、知らない犬との接触はさけましょう。シニア犬は急激に温度が下がる日もありますから、そんな日は防寒対策をしっかり行ってあげます。ペットヒーターなどは片づけずに、すぐ出せる場所に置いておくようにしましょう。

4月

フィラリア対策をはじめ、予防接種などを忘れずに

暮らしの注意点

天気のよい日は積極的に歩かせて

地域にもよりますが、4月末頃からフィラリアの予防をはじめます。予防薬を使用する前には、必ず動物病院で血液検査を行います。もしフィラリアに感染していたら、いきなり予防薬を与えるとショックを起こして命に関わる場合があるからです。

年に1回の狂犬病の予防接種、混合ワクチンもこの時期に行われることが多くなります。感染症から愛犬を守るためにも忘れずに行いましょう。

散歩も快適な時期です。なんらかの病気をかかえていたり、体に不調がない限りは、天気のよい日は積極的に歩かせてあげましょう。できれば愛犬の体重と同じくらいの距離を歩くのが理想的です。パグであれば5～6㎞程度を目安にしておきます。ただ、4月も終わり頃になると、急に暑くなる日もありますから、そんな日は無理に歩かせないことも大切です。

春は転勤や就職、進学などで、家族の中で変化が起こることもあります。たとえば、お父さんの単身赴任だったり、息子さんや娘さんがひとり暮らしをはじめたりと、家族の誰かが家を出ることも多い時期です。それだけに、特にかわいがってくれていた人がいなくなってしまうことで、犬がストレスを感じることも少なくありません。

また、家族揃って引っ越しする場合もあります。引っ越しは、犬にとっても環境が変わるので、できるだけストレスがかからないよう、十分に遊んであげるなどコミュニケーションをとって、1日でも早く新しい環境に慣らす工夫をしてあげましょう。

日常のケア

散歩の後は体のチェックを

冬毛から夏毛へと生えかわる換毛期は、まだまだ続いています。しっかりブラッシングを行っておきましょう。

いらない毛をそのままにしておくと通気性が悪くなります。皮膚病などを引き起こす場合もあるため、いらない毛は必ず取り除いておきます。

散歩から帰ったら、ブラッシングで汚れを落とすことも大事です。パグはシワの間にホコリなどもたまりやすいので、シワの間も汚れがないかよく見てあげましょう。足を拭くときには、指の間や肉球になにか挟まっていないかなどのチェックも忘れずに。洗った場合はしっかり乾かしておくことも大切です。湿ったままだと皮膚病の原因になってしまうからです。

子犬やシニア犬の場合

生後3ヵ月以上の子犬は狂犬病の予防接種を忘れずに行います。ワクチン接種で動物病院へ行くとき、腸内寄生虫がいないか検便しておくと安心です。シニア犬にも過ごしやすい時期ですが、朝夕が冷える日もあるので注意します。寝床を保温したままで日中も過ごさせると、日中は暑くなってしまうこともあります。こまめに温度変化に気をつけます。

5月

愛犬と一緒の旅行は事前の準備が大切です

暮らしの注意点

熱中症にそろそろ気をつけておく

すっかり日中の暖かさも安定してくる時期ですが、場合によっては暑い日もあります。短頭種のパグは暑さに弱いため、熱中症を起こさせないよう気をつけておきましょう。ちょっと暑いかなと思う日は、散歩中に呼吸を苦しそうにしていないか、歩き方がよろよろしていないかなど、愛犬の様子をよく見ておくことです。

4月末から5月上旬のゴールデンウィークを利用して、愛犬と一緒に泊りがけや日帰りの旅行を計画する飼い主さんも多いのではないでしょうか。

せっかくの旅行ですから、愛犬と楽しい思い出をたくさん作りたいもの。

そのためには旅行先でトラブルが起こらないよう、事前にいろいろと準備しておくことも大切です。

旅行中、愛犬が突然、体調を崩したり、ケガをすることも考えられます。すぐに動物病院へ連れて行きたいけれど、はじめて訪れた旅先だと、どこへ連れて行けばいいのかわからず、あせってしまうものです。出発前にあらかじめ近くの動物病院を探しておくと、いざというときも安心です。

また、遊びに行く地域で気をつけておきたい病気などがないかも調べておきます。たとえば、北海道ならキタキツネが主な感染源となるエキノコックス症という感染症があります。どんな病気があるのか、その病気を防ぐにはどうしておけばいいのかを知っておくことが大切です。

車ででかけるときは熱中症予防のためにも、くれぐれも愛犬は車内に置いたままにしないようにします。

日常のケア

耳をかゆがっていないかチェック

パグに多いのがマラセチア性の外耳道炎で、暖かくなる5月頃から注意が必要な病気です。マラセチアはカビの仲間で、高温多湿の環境と脂分を好みます。これらの条件が揃うと、一気に増殖してしまいます。垂れ耳のパグは耳の中が脂っぽい犬が多いので気をつけましょう。耳をよくかいているなどの様子が見られたら、早めに動物病院で診てもらいます。

耳の中を清潔にしておくことは大切ですが、お手入れのときに耳の奥へ綿棒を入れたりしないことです。耳の中を傷つけるおそれがあります。

耳の病気の治療において、自宅でも耳の洗浄が必要な場合、正しい方法を動物病院で教えてもらいましょう。

子犬やシニア犬の場合

連休を利用して子犬を迎えるという人も多いかと思います。迎えたらできるだけ早くに動物病院で健康診断をしておくと安心です。これからともに暮らす家族と幸せに過ごすために伝染病や先天性疾患、腸内寄生虫を発見しておきます。寒暖差の大きい日もまだありますから、シニア犬は温度管理に注意して、できるだけ一定を保つようにしておきます。

6月

湿度が高くなる梅雨は皮膚のチェックを入念に

暮らしの注意点

皮膚以外に呼吸系も気をつけます

ジメジメとした梅雨の時期の到来です。雨の日が続くことで、なかなか散歩に行くことができなくなるため、運動不足になりがちです。室内での遊びの時間を十分にとってあげるなどして体を動かす工夫をしてあげましょう。

年間を通して、皮膚や被毛を清潔に保つのは欠かせないことですが、湿度が高くなるこの時期は皮膚病を起こしやすくなるため、より気をつけておく必要があります。

パグは脂漏症をかかえている犬も多く、高温多湿の梅雨の時期は悪化しやすくなります。合併症として全身性の細菌感染やマラセチアによる皮膚炎なども発症することもあります。

愛犬とのスキンシップをかねて、やさしく撫でてあげながら全身の状態を確認してあげましょう。赤くなっているところはないか、フケが出ていないか、シワの間や指の間もしっかり見ておくことが大事です。かゆがっていたら、症状を悪化させないためにも早めに動物病院で受診します。

皮膚の状態によっては、シャンプーを週1～2回と、いつもの時期より多めに行ってあげることも必要になってきます。ただし、シャンプー剤に気をつけておかないと、かえって状態を悪くすることもあるので、動物病院で相談すると安心です。

また、湿度が高くなると呼吸器系にも負担がかかりやすくなります。いつもよりいびきがひどくなったり、咳が出ることもあります。ストレスから下痢や食欲不振を起こす犬もいるので体調の変化に気をつけてあげます。

日常のケア

フードやおやつの保管に注意を

梅雨の時期は、雑菌が繁殖しやすくなるため、食べ物の管理にも注意が必要です。愛犬が残したものは、もったいないと思わずに処分してしまいましょう。開封したドライフードを保管する場合は密封性の高い容器に入れておくといいでしょう。フードを取り出す際は濡れた手でフードを触らないようにします。おやつも同様に、雑菌が繁殖しないよう保管に気をつけます。

ドライフードもおやつにしても、この時期はできるだけ大袋で購入せずに短期間で食べきれるサイズのものにしておいたほうが安心です。

食器もよく洗うことが大切です。飲み水も常に新鮮なものに替えてあげるようにしましょう。

子犬やシニア犬の場合

高温多湿という状況は子犬やシニア犬にもストレスがかかります。子犬はマラセチア性の外耳道炎や若年性膿皮症を起こしやすく、中高齢の犬はお腹のあたりの皮膚が赤くなってしまうマラセチア性皮膚炎を起こしやすい傾向があります。体を清潔に保つことはもちろんですが、除湿器を利用するなどして、湿度管理にも気をつけてあげましょう。

7月

暑さ対策は万全にして熱中症から守りましょう

暮らしの注意点

夏の散歩は日中や熱帯夜は避けて

梅雨が終わり、いよいよ夏を迎えます。気温が30℃を超える日も増えてきますから、夏の生活を少しでも快適に過ごさせてあげるために暑さ対策をしっかり行っておきましょう。

短頭種のパグは暑さに弱い犬種なので、日中の炎天下での散歩は大変危険です。絶対にやめておきます。

朝9時を過ぎると日差しも強くなってきますから、もし散歩に行くのであれば、できるだけ早朝の涼しい時間帯に連れて行くことです。

日中を避けて、夜なら大丈夫だろうと思う飼い主さんも多いですが、風があって路面が冷えている夜ならいいでしょう。ただし、熱帯夜で風のない夜はやめておきます。路面に放射熱が残っているからです。人間に比べ、路面から距離が近い犬は放射熱の影響を受けやすいものです。

夏の散歩は時間帯に気をつける以外にも、冷たい水を常に持っているようにします。散歩中の飲み水として使えるだけでなく、もしも暑さで愛犬が倒れてしまったときに冷たい水を体にかけてあげることもできるからです。

室内もエアコンで温度調節をしてあげます。日差しが入ってくる部屋やそうでない部屋、マンションか、一戸建てかなど、置かれている環境によってもエアコンの温度設定は違ってきますから、愛犬の様子を見ながら室温の調整をしてあげます。

また、エアコンをつけたまま留守番させるときは、もし停電があった場合にエアコンが切れてしまいます。クールマットを置く、ペットボトルに水を入れて凍らせたものを近くに置いておく、家の中でできるだけ室温の低い部屋で過ごさせるなど、もしものときのための対策をしておきましょう。

日常のケア

シャンプー後は十分乾かすこと

自宅でシャンプーするときは、シャワーのお湯は冬場よりも低めの温度で洗うようにします。ありがちなのが濡れていたほうが涼しいし、自然乾燥をさせたらいいかなと、シャンプー後によく乾かさないままにしてしまうことです。蒸れてしまうので、皮膚病を引き起こすことにもなりかねません。

夏であってもシャンプー後はしっかり乾かしてあげることが大切です。エアコンや扇風機をつけた涼しい室内できちんと乾かしてあげましょう。

子犬やシニア犬の場合

子犬やシニア犬も熱中症にはくれぐれも気をつけておきます。散歩へ行く時間帯は成犬と同じように注意が必要なのと、子犬は元気なのであまり興奮させすぎてしまうと熱中症を引き起こす可能性があります。寝ていることが多いシニア犬は、エアコンの風が直接あたってしまうと、冷えすぎる場合もあります。寝場所を工夫するなどしてあげましょう。

8月

海や川へ遊びに行くときも愛犬から目は離さないように

暮らしの注意点

迷子になった場合の対策もしておきます

8月は暑さが厳しい日が続きますから、引き続き暑さ対策をしっかり行い熱中症には注意が必要です。

夏休みに家族で旅行するために、愛犬をペットホテルなどに預ける場合もあります。ワクチン接種をしていないと預かってもらえないところは多いので、接種しておくようにしましょう。

預け先でどんなに手厚くお世話されたとしても、やはり自宅とは違う環境で過ごさなくてはいけないため、ストレスに感じてしまう犬は少なくありません。自宅へ戻ってきたら、下痢を起こすなど、体調を崩してしまう犬もいます。愛犬を預けるにあたって、飼い主さんはそういったことも覚悟しておくことも大切です。

花火大会や雷なども多い時期です。ふだん聞かないような大きな音にパニックを起こした犬が脱走してしまう事故も少なくありません。

うちの犬は大丈夫と思っていても、パニックを起こすと、どんな行動をとるかわからないものです。脱走したまま行方不明になってしまう可能性もありますから、もしものことも考えて、マイクロチップを入れておくか、迷子札を愛犬に常につけておきましょう。旅行中にもし愛犬が迷子になった場合にも役立つものです。

海や川へと遊びに行って、愛犬を水浴びさせるときも、リードは離さないように気をつけます。流れの速い川でそのまま犬が流れていってしまったということも起こりかねません。

夏は人間も気がゆるみがちになるので、より注意をしておきましょう。

日常のケア

水遊びの後はケアを忘れずに

川や海で水遊びをした後は、きれいな水で体を洗ってあげます。汚れた水や海水が体に残ったままだと、皮膚病の原因になったりするからです。

また水遊びした際に、濡れたまま日光の当たるところにいると、ホットスポット（急性湿性皮膚炎）が起こりやすくなります。体の表面だけ乾いて、中は濡れた状態だと、むずがゆくなり、犬はそれが気になって体をなめて皮膚に炎症を起こすのです。濡れた体は必ず風通しのよい日陰でしっかりと乾かすようにします。

愛犬が少しでも涼しく過ごしてもらえたらと、水遊びをさせたのに皮膚病になってしまっては意味がないもの。その後のケアも大切です。

子犬やシニア犬の場合

猛暑が続く夏は必ずしも毎日お散歩に連れ出す必要はありません。熱中症以外に熱くなったアスファルトやマンホールの蓋で肉球がやけどを起こすこともあるからです。シニア犬に多い病気のひとつである甲状腺機能低下症の症状に真夏でもふるえるというのがあります。寒くないのにふるえていたら病気を疑って、動物病院で診てもらいましょう。

9月

夏の疲れが出てくる頃なので体調チェックを欠かさずに

暮らしの注意点

夏バテから胃腸に影響が出る場合も

上旬頃までは残暑の厳しい日もありますが、それでも8月に比べたら少しずつ暑さは落ち着いてきます。過ごしやすくなる時期も、もうすぐです。

人間と同様に犬にも夏バテのような状態になることはあります。夏場の暑さをなんとか乗り切ってきたけれど、そろそろ夏の疲れが出てくる頃です。そのため下痢をするなど、胃腸に影響が出る犬も中にはいます。愛犬の様子をよく見ておき、少しでもおかしいなと思ったら、早めに動物病院で診てもらうようにしましょう。

暑さによるストレスによって、年間を通して一番暑い日が多い8月は、皮膚病などが悪化しやすい傾向があります。皮膚病に限らず、どんな病気にしても、いったん悪化してしまうとなかなか治りにくく、9月に入ってもそのまま引きずることもあります。また、皮膚病は状態によって改善するまでに時間がかかる場合も多いものです。根気よく治療を続けることが大切です。

暑い時期は散歩も思うようにできなかっただけに、暑さが落ち着いてきたら、運動不足になった分を少しずつ取り戻していきましょう。だからといって急激に運動させると足腰や心臓に負担をかけてしまう場合もあります。くれぐれも愛犬の様子を見ながら少しずつ行います。

もちろんまだ暑い日もあるので、熱中症にも気をつけることも大切です。台風も多い時期ですから、激しい雨風の音をはじめて経験する犬もいます。愛犬が不安を感じているようなら、やさしく声をかけるなどして、少しでも不安を和らげてあげましょう。

また、ふだんからクレートやケージに入ることに慣れていれば、犬にとって安心できる場所になっています。クレートの中で落ち着いていられることが出来れば、もし災害時に避難する場合や動物病院の入院時など、さまざまな場面で役立つものです。クレートトレーニングを行ない、安心して落ち着ける場所を作っておきます。

日常のケア

下痢が続くなら早めに対処を

夏バテのときだけに限らず、なんらかの原因によって激しい下痢が続くと脱水状態になるだけでなく、たとえ軽い下痢であったとしても体力を消耗してしまいます。下痢をしていたら出来るだけ早めに動物病院へ連れて行き、対処してあげることが大切です。

子犬やシニア犬の場合

まだ暑い日があるので、成犬に比べて体力の弱い子犬やシニア犬はその日の天気によって散歩の時間や量を調整しましょう。熱中症にはくれぐれも注意が必要です。皮膚病以外でも、クッシングなどホルモン系の病気をかかえているシニア犬は、夏場に悪化しやすいため、様子をよく見ておき、ちょっとした変化も見逃さないよう心がけておきます。

10月

食欲が増す季節ですから、太り過ぎには気をつけます

暮らしの注意点

適切な食事や運動で肥満にさせない

すっかり気候も秋らしくなり、暑さに弱いパグにとって徐々に過ごしやすい時期になってきます。

食欲の秋、とは人間に限ったことではありません。夏の間は暑さで犬も食欲が落ちてしまいがちですが、秋になって涼しくなり、過ごしやすくなってくると犬も食欲を増してきます。

愛犬がおいしそうに食べてくれる姿を見るのは、飼い主さんにとってうれしいものです。だからといって、どんどん食べさせてしまうのは肥満へとまっしぐらになってしまいます。人間もそうですが、食べ過ぎてしまうとあっという間に体重は増えてしまうもの。

そして、いったん増えてしまった体重を減らすことはなかなか大変です。

肥満はさまざまな病気を引き起こす原因となりますから、愛犬の健康のためにも気をつけておきましょう。

犬の場合、太っているかどうかは、体重だけでは判断は難しいものです。同じ犬種でも骨格にはそれぞれ違いがあるからです。背骨や肋骨、腹部などにどのくらい脂肪がついているかを目安にします。P.73にあるボディコンディションスコアを参考に、ふだんから愛犬のボディチェックを心がけておくようにします。

ありがちなのが、太ってしまってはいけないと極端に食事の量を減らしてしまうことです。必要な量を与えていないと、お腹が減ってしまい、拾い食いにつながることもあります。愛犬が太ってきたなと思ったら、できるだけ食べる量は減らさず、低カロリーの内容にするなどして調整します。

肥満予防には、食事の内容だけでなく、十分な運動も欠かせません。10月も中旬以降になると、気候的にも涼しくなってきて、散歩に最適な時期になります。骨や筋肉を丈夫にするためにも歩くことは大事です。

病気などで獣医師から運動を止められていない限り、天候や愛犬の体調を見ながら、運動の量を少しふやしてあげるといいでしょう。

子犬やシニア犬の場合

子犬も食欲旺盛になりますから、食べ過ぎてしまうと下痢を起こす場合もあるので気をつけておきます。

秋と春は発情期を迎える犬が多いため、7歳以上で未避妊のメスは子宮蓄膿症に注意です。発情が終わった1ヵ月後に発症することが多い病気です。水をよく飲む、食欲が落ちたなど、なんとなくいつもと違う様子が見られたら動物病院へ。

日常のケア

換毛期にはまめにブラッシングを

気温が下がるにつれて、少しずつ夏毛が抜けてきて冬毛が生えてくる換毛期がはじまってきます。

ふだんから被毛や皮膚の健康維持のためにブラッシングを行うことは大切ですが、換毛期はよりまめにブラッシングをしてあげましょう。

11月

過ごしやすい時期でも気をつけることはいろいろあります

暮らしの注意点

フィラリア対策はまだ必要な場合も

パグに限らず、どんな犬種にとっても、少し肌寒く感じてくるこの頃は過ごしやすい時期でもあります。

だんだんと朝晩が冷え込む日も増えてくるため、冬に向けての準備をはじめておきましょう。夏の間、しまっておいたペットヒーターやストーブなどの暖房器具をいつでも使えるようにしておくと安心です。

気温が下がってくると、ついフィラリアの対策を忘れてしまいがちです。地域によっても違いがありますが、まだフィラリアの予防はしておかないといけない場合があります。フィラリアの予防薬は、蚊がいなくなった1ヵ月後までは続ける必要があるのです。

蚊を媒介して、もしミクロ・フィラリア（フィラリアの子虫）が犬に寄生した場合、子虫が親虫になるのを薬によって阻止しなければなりません。フィラリアの薬が作用するのが蚊に刺されてから、1ヵ月後の虫に対してだからです。蚊は見かけないからもう飲ませなくても大丈夫かな、と勝手に判断したりせず、動物病院でもらっておいた予防薬は余らせたりしないよう、きちんと与えることが大事です。

暖かい地方に住んでいたり、川が近くて緑が多い場所など、蚊がいそうなところによく遊びに行くのであれば、通年、フィラリアの対策をしておくといいでしょう。

寒い地方では、そろそろ雪も降りはじめる頃です。地面が見えない程度のうっすらと積もった状態だと、落ちているガラスや先の尖ったものに気がつきにくく、散歩中に肉球をケガすることがあります。凍った路面で滑って骨折や脱臼を起こすこともあるので、くれぐれも気をつけておきます。

日常のケア 乾燥するのでドライアイに注意

空気が乾燥してきます。皮膚の病気が多いパグにとっては、乾燥しているこの時期は皮膚のトラブルは比較的少なくはなりますが、目が乾きやすくなってしまいます。パグはドライアイを発症する犬が多いため、目やになどが出ていないかよくチェックしておくことが大切です。動物病院でドライアイと診断されたら、処方された目薬をまめにさすようにして、乾燥から目を守ってあげます。室内には加湿器を置くなどして、乾燥対策も万全にしておくようにしましょう。

子犬やシニア犬の場合

過ごしやすい季節なので、動きが活発になる子犬が多いと思います。いたずらから誤食する機会も増えやすいので、子犬が口にしたらいけないものは手の届かない場所に片づけておきます。朝晩が急に冷え込んでくると、シニア犬は関節に痛みが出てくることもあります。歩き方がおかしいなどの異変を感じたら、早めに動物病院で診てもらいます。

12月

冬の寒さに備えた対策を行いましょう

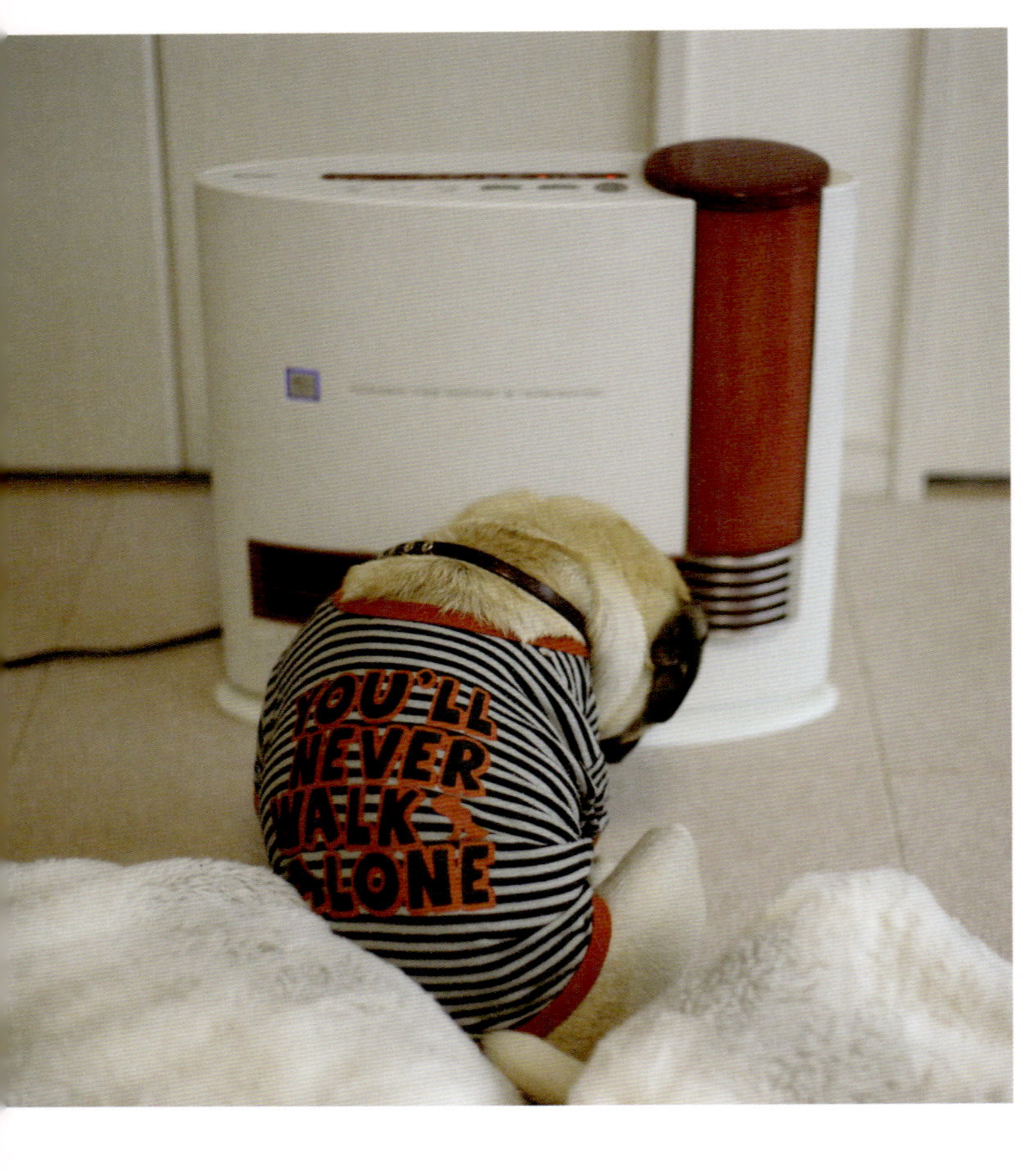

暮らしの注意点

冬もダニ予防は忘れないように

12月にはいると、いよいよ寒さが本格的になってきます。保温や湿度対策をしっかり行いましょう。

パグは暑さだけでなく、寒さにも弱い犬種です。ケージやサークルの位置は窓際など冷気が入ってくるような場所は避けるようにします。暖房器具の風が直接あたるのも、乾燥してしまうので避けたほうがいいでしょう。

愛犬がいつもいる部屋の暖房に、石油ストーブや石油ファンヒーターなどを使っているなら、定期的に部屋の換気を心がけておきます。最近の家は密閉性が高いため、部屋の換気をしないままでいると、一酸化炭素中毒を起こす可能性があります。

　フィラリアの予防薬を飲ませる時期は終わって、それと同じようにノミやダニの予防を一緒にやめてしまう飼い主さんは意外と多いようです。

　ノミは地域によっては11月頃からは見かけることは少なくなってきます。しかし、ダニは1年を通して、草むらなどで生息していますから、予防を続けておくことは大切です。愛犬がダニに刺咬されると皮膚炎などをはじめ、さまざまな病気を引き起こすだけでなく、ダニは人にも感染する病気を媒介します。年末のあわただしい時期ですがくれぐれもダニ予防は忘れずに。

　またクリスマスには食卓にごちそうが並んだりするもの。愛犬にもごちそうを食べさせてあげたい、と考える飼い主さんも多いかと思います。1月のところでも紹介しましたが、食べ物をうっかり喉に詰まらせたりしないよう与える際は小さく切ってあげます。

日常のケア

皮膚炎や外耳炎に気をつけます

　12月に気をつけておきたい病気のひとつに、カビの仲間であるマラセチアが原因となって、かゆみなどを引き起こすマラセチア性の皮膚炎や外耳炎があります。寒い時期なのにどうしてと思うかもしれませんが、暖房を使いはじめて、急激に部屋が暖かくなってくると、カビや細菌も繁殖しやすいために発症することが多いのです。

　シワが多くて垂れ耳のパグはとくに皮膚炎や外耳炎を発症しやすい犬種ですから、暖房を使いはじめたら、耳の中やシワの間のチェックをこまめにしておくことです。日頃から清潔に保つように心がけておき、もし、かゆがっている様子が見られたら、早めに動物病院で診てもらいましょう。

子犬やシニア犬の場合

　成犬に比べて、どうしても子犬やシニア犬は抵抗力が弱いものです。それだけに寒さが本格的になってきたら、より温度管理に気をつけてあげることが大切です。愛犬が過ごす室内を快適な温度に保つことはもちろんですが、ケージ内の寝床にも暖かなタオルや毛布を敷いてあげるなどして、寝心地のよい環境づくりをしてあげましょう。

Column

東洋医学も選択肢のひとつ

医学には、西洋医学と東洋医学とがありますが、どちらも体の不調がある場合に改善させることにおいては共通します。

それぞれの違いを簡単に説明すると、検査などで科学的に実証され、分析された結果、病気を判断し、その病気に向けて投薬や手術などで治療をしていくものが西洋医学です。一方の東洋医学は、自然科学的に伝統的な経験に基づいて、体質や特徴を重視し、本来持っている自然治癒力を高めることで病気の治療を図っていきます。治療には漢方薬だったり、鍼灸などを用いたりします。

西洋医学と東洋医学にはそれぞれいいところがたくさんあります。人間も西洋医学と東洋医学とを上手く使いわけている人は少なくありません。そして、犬をはじめとする動物医療においても西洋医学だけでなく、東洋医学を取り入れている動物病院もあります。

愛犬のためにはどちらを選ぶのか、またはどちらも併用していくのかは、飼い主さんの考え方によります。ただし、西洋医学でも東洋医学でも、知識や経験が豊富な獣医師に診てもらうことが基本です。併用する場合は、

薬にはくれぐれも気をつけておく必要があります。西洋薬と漢方薬の両方を服用することで合併症を起こすこともあります。必ずどんな薬を服用しているのかを、それぞれの動物病院に正確に伝えておくことです。

東洋医学の考え方として、元気のもととなる生命エネルギーの「気」、全身に栄養を運ぶ血液の「血」、リンパ液など体に必要な水分の「水」と、これらの３つ要素で体は構成されているといわれています。そしてこれらの要素を生成しているのが、「五臓（心・肝・脾・肺・腎）」と呼ばれる臓器です。どちらもがバランスが整った状態が健康ととらえられています。これらの中のひとつでもトラブルが起これば、バランスは崩れてしまいます。東洋医学においての基礎理論には五行説といって、ほかにもそれぞれに関連する器官や組織、自然界の特定のものを５つに分類しています。正しい知識を得たうえで、活用してみるのもいいでしょう。

西洋医学と東洋医学、どちらかを否定するのではなく、それぞれのよさを理解して、上手に使いわけたり、あるいは併用することで愛犬の健康を守ることに役立ったり、治療の幅が広がることもあります。いろいろな選択肢があるというのを知っておくことは、もしものときにも心強いものです。

東洋医学では「四診」で診察

- **望診**
  目や舌の状態、顔、体、皮膚の状態などを観察することで、視覚から情報を得ます。
- **聞診**
  呼吸音や鳴き声、体臭や口臭などのにおいなど、聴覚と嗅覚で確認し、情報を得ます。
- **問診**
  食欲があるのかないのか、病歴、変化が見られるなどの情報を飼い主さんから聞きます。
- **切診**
  お腹の張り具合や脈の状態など、実際に体に触れて触覚で確認していきます。

8

病気とケガ

生き物である以上避けて通れないのが病気とケガ。予防できることや、いざという時の備えなどをまとめてみました。

動物病院との上手なつきあい方

信頼できる動物病院を見つけましょう

●相性が合うかどうかは必ず自分で確認を

病気のときだけではなく、健康診断やワクチン接種、フィラリアなど病気の予防などで、動物病院にはなにかとお世話になるものです。

愛犬が病気になって、いきなり初めての動物病院へ連れて行くのではなく犬を迎えた時点で信頼できる動物病院をあらかじめ探しておくと安心です。

たくさんある動物病院の中から、どのように選んだらいいのか悩んでしまう飼い主さんも少なくありません。

最近はインターネットのクチコミを参考にする人も多いようですが、信用できる情報とは限りません。ネットの情報だけでなく、近所で犬を飼っている人に聞いてみるのもいいでしょう。

獣医師と相性が合うかどうかも、動物病院選びにおけるポイントのひとつです。相性が合う、合わないは、人それぞれ、とらえ方によっても違いがあります。近所の人からは評判が良くても、最終的には実際に自分で確かめて判断することが大事です。

●健康診断などを利用してチェック

気になる動物病院を見つけたら、電話をしてみて対応の様子はどうかも判断の目安になります。

足を運んで動物病院の様子も見てみましょう。健康診断やフィラリアの薬をもらいに行くのを利用する以外に、犬を連れて行かなくても、ウンチかオシッコを持って検査してもらうだけでも受付けてくれる場合もあります。

院内の雰囲気はどうか、獣医師をはじめスタッフの対応の仕方などを確認しながら判断していきましょう。

動物病院選びのポイントとしてこんなところをチェック

愛犬や自分に合った動物病院を選ぶ際の目安として、次のようなものがあげられます。参考にしてみましょう。

- □待合室や診察室など、院内が清潔に保たれている
- □病気のことや、それに必要な検査や治療について、わかりやすく説明してくれる
- □検査や治療にかかる費用をあらかじめ提示してくれる
- □ちょっとした相談や疑問に対して、ていねいに答えてくれる
- □獣医師と相性が合う
- □家から通院しやすい場所にある
- □スタッフの対応が犬にも人にもやさしい
- □夜間など緊急時に対応してくれる、あるいは緊急時の連携先を紹介してくれる

マナーを守りながら上手なつきあいを

動物病院にかかるにあたって、飼い主さん側がマナーを守ることは大切です。診察が予約制であるなら、決められた時間を守るようにします。

待合室には、さまざまな動物がいます。愛犬がウロウロしたりしないようリードはしっかり持っておきます。

他の動物が苦手という犬なら、外や車の中で待つのも方法です。その場合は受付に声をかけておきましょう。

そして、一度決めた動物病院であっても、必ずしも途中で別の動物病院に変えてはいけないことはありません。

治療を続けていてもなかなか回復しない、なにか不安に思うことがあるようなら、セカンドオピニオンとして、ほかの動物病院にも話を聞いてみましょう。特に重い病気にかかっている場合であればなおさらです。

日頃から健康チェックを

▽定期的な健康診断と日頃からのチェックは大事です

●最低でも年1回は必ず健康診断を心がけて

愛犬にいつまでも健康で少しでも長生きしてもらいたい、と願うのはどの飼い主さんも同じ思いでしょう。

犬は人間に比べて、何倍もの速さで年齢を重ねていきます。それだけに、なにかしらの病気にかかると、その進行は速いものです。愛犬の健康を守り病気の早期発見・早期治療のためには定期的な健康診断が欠かせません。

健康診断を行う目安としては、7歳までは年1回、年齢とともに病気が増えてくる7歳を過ぎたら年2回、そして10歳以降は年4回が理想的です。ただ、血液検査やレントゲン検査など詳しく診てもらう健康診断は費用もかかります。難しいようなら、最低でも年1回は心がけておきます。

そのかわり、尿検査と便検査だけでも、できれば2～4ヵ月ごとに行っておくと安心です。ほかの検査と違って犬が痛い思いをすることはありませんし、本格的な健康診断に比べると費用もかかりません。

気軽にできる尿検査や便検査から、いろいろなことがわかります。その結果でなにかしら異常があるようなら、ほかの検査でより詳しく調べていくきっかけにもなります。尿検査と便検査は定期的に行っておきましょう。

犬と人間の年齢換算

犬	人　間
1ヵ月	1歳
2ヵ月	3歳
3ヵ月	5歳
6ヵ月	9歳
9ヵ月	13歳
1年	17歳
1年半	20歳
2年	23歳
3年	28歳
4年	32歳
5年	36歳
6年	40歳
7年	44歳
8年	48歳
9年	52歳
10年	56歳
11年	60歳
12年	64歳
13年	68歳
14年	72歳
15年	76歳
16年	80歳
17年	84歳
18年	88歳
19年	92歳
20年	96歳

※あくまでも目安となります。

愛犬の健康時の状態をよく覚えておこう

日頃から愛犬の様子をよく見ておくことも、病気の早期発見につながります。愛犬のちょっとした変化に気づいてあげられるのは、そばにいる飼い主さんしかいないのです。

愛犬の健康時の状態をよく覚えておけば、なにかしら変化があったときに気づくことができるもの。まずは体型を含め目、鼻、耳、口の中など、全身をよくチェックしましょう。全体を見るだけでなく、体を触りながら、皮膚や被毛の状態、どこかにできものなどがないかを確認していきます。触ってみることでわかるものがあります。

また、5~6歳になったら、聴診器を持っておくと便利です。おもちゃのような安い聴診器でも十分に心臓の音はわかります。正常時の音を覚えておき、定期的に調べるといいでしょう。

主にこんな部分をチェック

スキンシップをかねて愛犬の体を触りながら確認しておきましょう。少しでもおかしいかなと思ったら早めに動物病院へ。

目

輝きがあるか、色に変化がないか。目やにや涙がいつもより多くないか確認します。

鼻

健康な鼻は適度に湿っています。乾いていたり、鼻水が出ていたりしたら要注意です。

足

歩き方を見ておくのも大切。また指の間が赤くなっていないかなども確認します。

耳

耳垢の色や量、匂いがいつもと違っていないか。耳の内側の皮膚の色も確認します。

口

口臭がする、よだれがいつもより多くなっていないか。舌や歯茎の色も確認します。

尻まわり

尻まわりが赤く腫れていないかをよく見て。未去勢のオスは左右の睾丸の大きさを比べて違いがないかも確認。

腹部

やや力を入れて押してみて、なにか触るものがないか。いつもは平気なのに触られるのを嫌がる場合も注意。

伝染性の病気を予防する

ワクチン接種など必要な予防を心がけておきます

● 伝染病から守るため ワクチン接種は大切

犬の病気の中には、予防や治療が難しい病気などいろいろあります。しかし、いくつかの伝染性の病気においては、ワクチン接種をしておくことで予防が可能です。伝染性の病気には命に関わるものも少なくないため、予防できるものは予防しておきたいもの。

法律で接種が義務づけられている狂犬病予防接種と、いくつかの伝染病は混合ワクチンとして接種します。

これらの接種証明書がないと、ドッグランやペットホテルによっては利用を断られることがあります。散歩などでも他の犬と接触する機会がある以上は接種しておくことが必要です。

混合ワクチンの種類には、さまざまあります。住んでいる地域に発症例が多い病気があるか、生活環境や行動範囲などによって、獣医師と相談しながら種類を決めていきましょう。

● フィラリア予防も 忘れずに行いましょう

フィラリアは蚊の媒介によって、犬の肺動脈や心臓に寄生する虫です。やがて動脈硬化が起こり、心臓に負担がかかるだけでなく、腎臓や肝臓、肺などにも影響をおよぼします。

初期の症状はあまり目立ちませんがやがて咳がでてきたり、疲れやすくなり、どんどん痩せていきます。

フィラリアは予防薬を使うことで、防ぐことができます。蚊の発生時期は地域によっても違いがありますから、予防薬を与える期間もかかりつけの動物病院の指示にしたがいましょう。

万が一、フィラリアが寄生してしまった場合は薬で駆除することは可能ですが、すでに受けた障害は一生治すことはできません。確実に予防することが大切です。

・ノミダニ予防と腸内寄生虫について

ノミやダニの予防も大事です。ノミが寄生するとかゆみや炎症以外に、ノミアレルギー性皮膚炎を起こす場合もあります。ダニは、人が刺されると命に関わるSFTSや犬にはバベシア症をはじめとするさまざまな病気を引き起こします。予防薬には種類があるので動物病院で相談してみましょう。

また、腸内寄生虫については定期的に便検査をして調べておきます。腸内寄生虫は種類が多く、地域によってもどの寄生虫が多いか違いがあります。そして、中には人に感染するものもあるため、家族に小さい子どもやお年寄りなどがいる場合は注意が必要です。

腸内寄生虫に関しては、むやみに駆虫薬を使うことで耐性や副作用の問題が起こります。必ず便検査の結果に合わせた駆虫薬を使うようにします。

ワクチンで予防できる主な病気

病名	特徴	接種について
狂犬病	狂犬病ウイルスの感染によって発症します。発症した犬に咬まれると犬だけでなく人も感染し、発症した場合致死率はほぼ100%です。	狂犬病予防法により、生後91日以上の犬を飼いはじめたら30日以内に予防接種を行い、以降は年1回接種が義務づけられています。
ジステンパー	発症した犬との接触や便、鼻水、唾液から感染します。主な症状は発熱、鼻水、咳、嘔吐、けいれんなど。子犬やシニア犬など抵抗力の弱い犬の感染率、死亡率が高い。	こららの伝染性の病気を予防する混合ワクチンは、生後2ヵ月に1回目、次に生後3ヵ月頃、生後4ヵ月頃と接種し、以降は年1回の接種となります。
犬パルボウイルス感染症	発症した犬との接触のほか、汚染された飼い主の服、靴、手、床、敷物からも感染します。激しい下痢と嘔吐を起こし衰弱します。伝染力も致死率もとても高い。	
犬コロナウイルス感染症	発症した犬の便や嘔吐物などから感染。食欲不振、下痢、嘔吐などが主な症状ですが、軽い場合は無症状のことも。細菌や腸内寄生虫との合併症を起こすと命に関わる場合もあります。	
犬パラインフルエンザ感染症	発症した犬の咳やくしゃみ、鼻水など飛沫物から感染します。主な症状は発熱、鼻水、咳など。細菌やほかのウイルスと混合感染すると症状が悪化する場合があります。	
犬アデノウイルス感染症1・2型	発症した犬の咳やくしゃみ、鼻水など飛沫物から感染します。抗原の型により、1型は主に肝臓に炎症を起こす伝染性肝炎。2型は肺炎など呼吸器疾患を起こします。1歳未満の子犬は命に関わる場合があります。	
犬レプトスピラ感染症	ネズミなど野生動物が感染源となり、犬だけでなく人も感染します。レプトスピラ菌はいくつかの種類があり、主な症状は高熱や黄疸など。無症状の場合もあります。	

もしものときの応急処置

愛犬の緊急時には迅速かつ慎重な対処が大事です

動物病院へ連絡して適切な指示を受けます

思わぬことで愛犬がケガをして出血がひどい、骨折をしたなど、どんなことが起こるかわからないものです。そんなもしものときに、どう対処したらよいのかを知っておきましょう。

いずれの場合にも共通するのが、まずは動物病院へ電話することです。その場でできることはどうしたらいいのか獣医師の指示に従いましょう。電話をしておくことで、受け入れの準備をしておいてもらうことができます。愛犬を連れて行ったときに迅速な処置をしてもらうためにも重要です。

愛犬の緊急時にはあわてずできるだけ落ち着いて対処しましょう。

外傷による出血

ケガをして出血がある場合、とりあえず出血を最小限に止めておくことが大切です。次のような方法で出血をおさえるようにしたら、家で消毒しようとせず、動物病院へ連れて行きます。

軽い出血程度なら、傷口を指で押さえます。押さえている指の爪が白くなる程度の力を入れて傷口を圧迫させた状態で5～10分ほど押さえると出血が止まる場合もあります。

出血がひどい場合は、傷口より上の部分をハンカチやタオルで縛ります。ただし、強く締めすぎてしまうと、縛った部分から下が壊死してしまう恐れもあるので注意します。

また、応急処置として活用できるのが食品を包むラップです。ラップで傷口を包んでおくと湿度を保ってくれるため、細胞が壊死する可能性も低くなります。ラップ以外にも、ガムテープなど粘着性のあるテープで傷口を巻いてもいいでしょう。

骨折

高い場所から落ちたときなど、明らかに足がぷらぷらして骨折したとわかった場合には、くれぐれも患部は触らないように気をつけます。

骨折した場所によっては激しい痛みがでます。へたに触ってしまうと、ふだんはおとなしい愛犬でも痛さのあまり噛むこともあるからです。

毛布やバスタオルで愛犬の体を包み、患部を触ったり、できるだけ動かさないようにして動物病院へ。

熱中症

短頭種のパグは熱中症になりやすいので、くれぐれも注意が必要です。

体が熱くなっていたら、水をかけて全身をとにかく冷やすようにします。家の中なら水を張ったお風呂に、体をつけて冷やします。

また、ふだんから散歩の際には、冷たい水を持ち歩いておくようにしましょう。水をかけることができない場所であれば、冷やしたタオルや冷えた液体の入ったペットボトルで足の付け根や首のまわりを冷やすようにします。

やけど

ストーブや熱湯などでやけどをした場合、患部に水をかけて冷やします。そして、水で濡らしたタオルで体を包んで動物病院へ連れて行きます。乾いたままのタオルだと、体を包んだときに熱がこもってしまうからです。

火災の場合、直接炎に触れず見た目にやけどの症状がでていなくても、遠赤外線で体の内側に熱を受けている可能性があります。3日～1週間後に皮膚がボロボロになることもあるため、必ず動物病院で診てもらいましょう。

感電

電気コードをかじってしまったなどで感電した場合、まずは二次災害を起こさないようコンセントを抜きます。

感電で怖いのが、肺水腫を起こすことが多いため、呼吸が荒くなっていたら、数時間で命を落とす恐れがあります。すぐに動物病院へ。

電気の強さや感電している時間の長さによっては、そのままショックを起こして亡くなることもあるので、電気コードをかじらせないような対策をふだんからしておくことも大切です。

誤飲

人間の食べ物の中には、犬が食べると中毒を起こすものがいろいろあります。食べ物以外にも異物を犬が口にすることもあります。

食べてしまったものによって対処方法は異なります。動物病院へ連絡する際に「どんなものを食べたのか、いつ食べたのか、どのくらいの量か」をしっかり伝えることが大切です。

また、なにかを喉に詰まらせてしまい苦しそうにしている、意識がなくなってしまいそうな緊急の場合は、やむを得ない処置として、犬をさかさまにして背中を叩くことで、詰まったものが出てくることもあります。

ひと目でわかる病気の見分け方

すぐに動物病院へ行くべきかの目安にしましょう

おしっこにまつわる変化

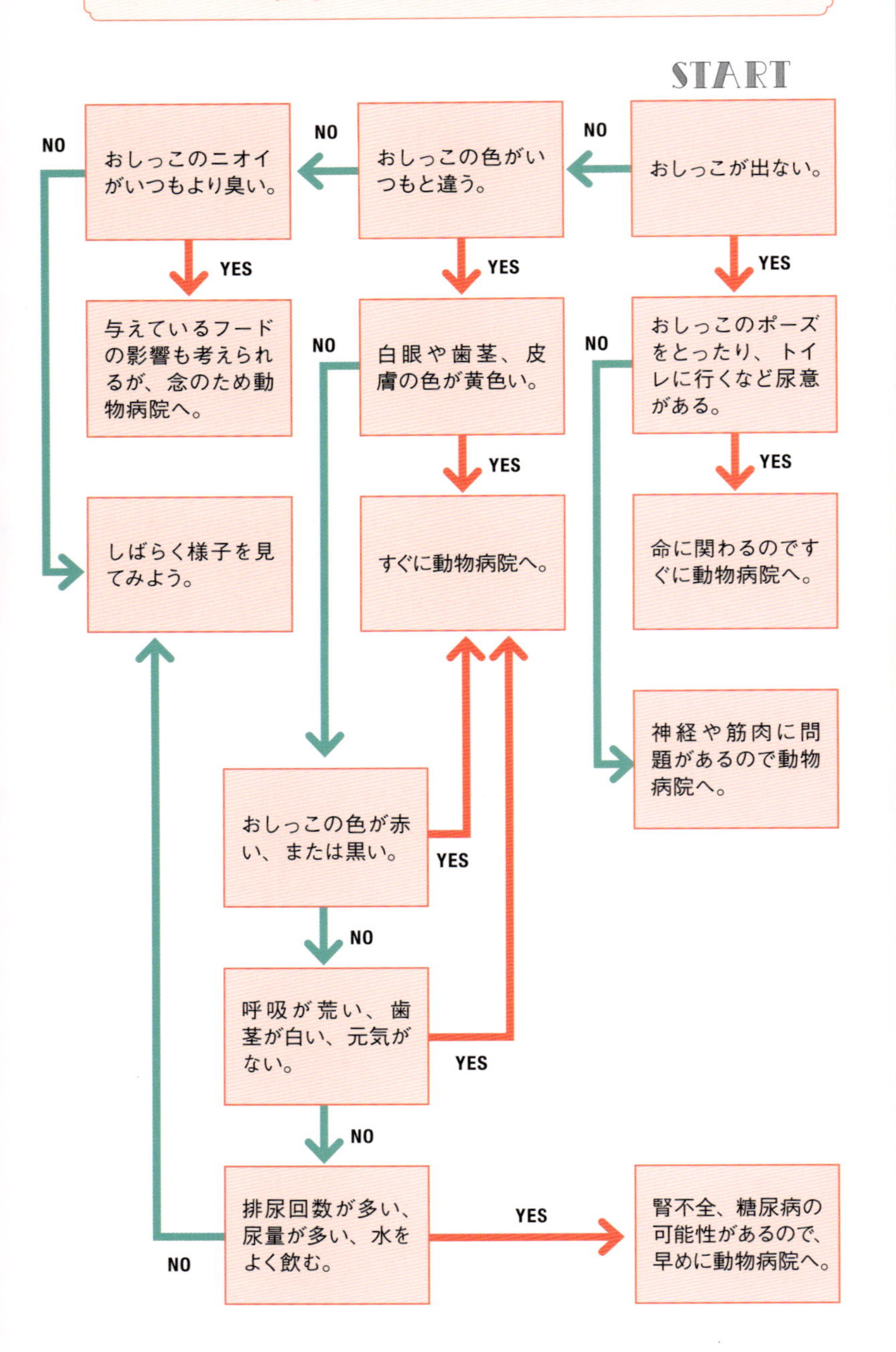

食欲がない

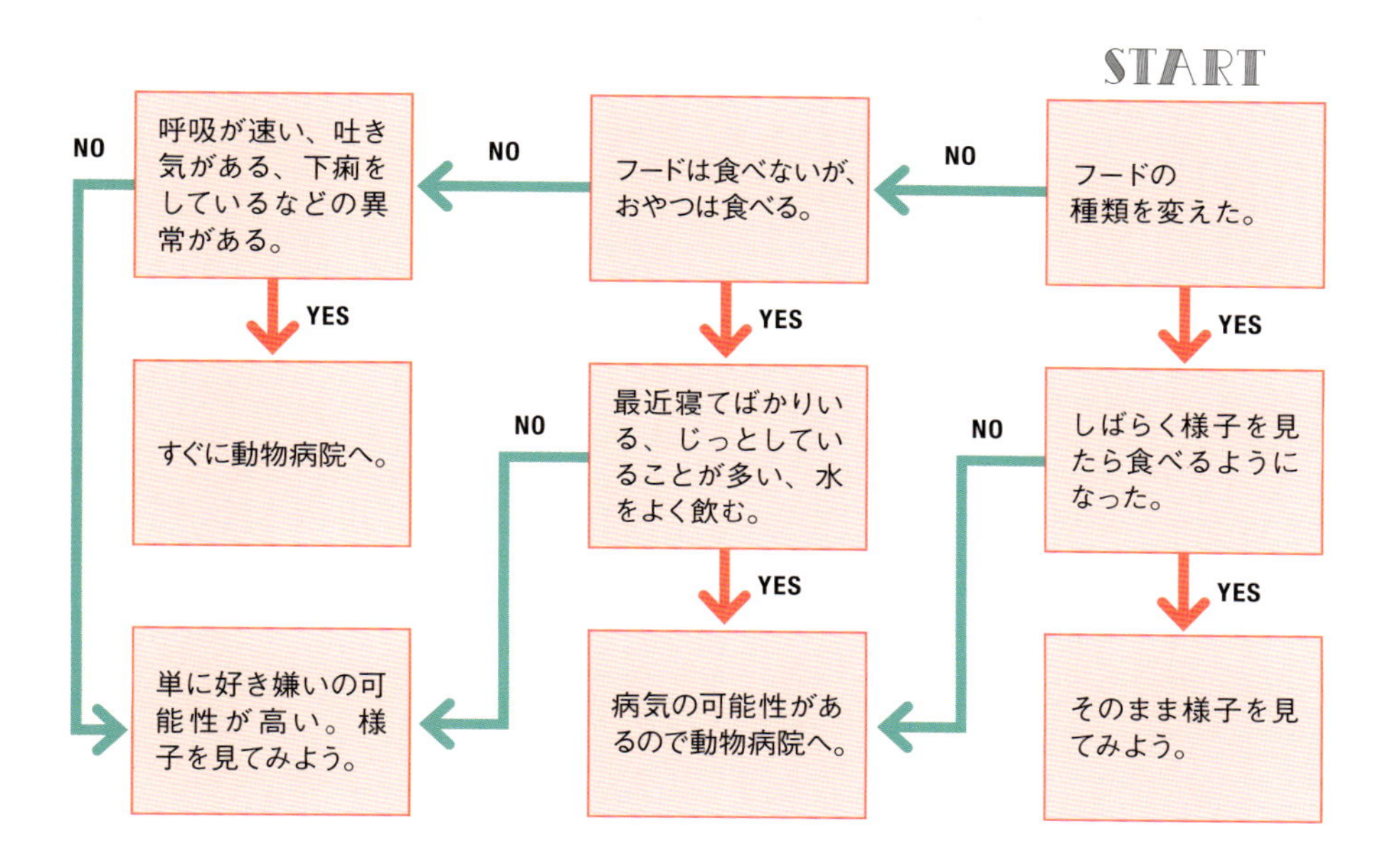

うんちが出ない

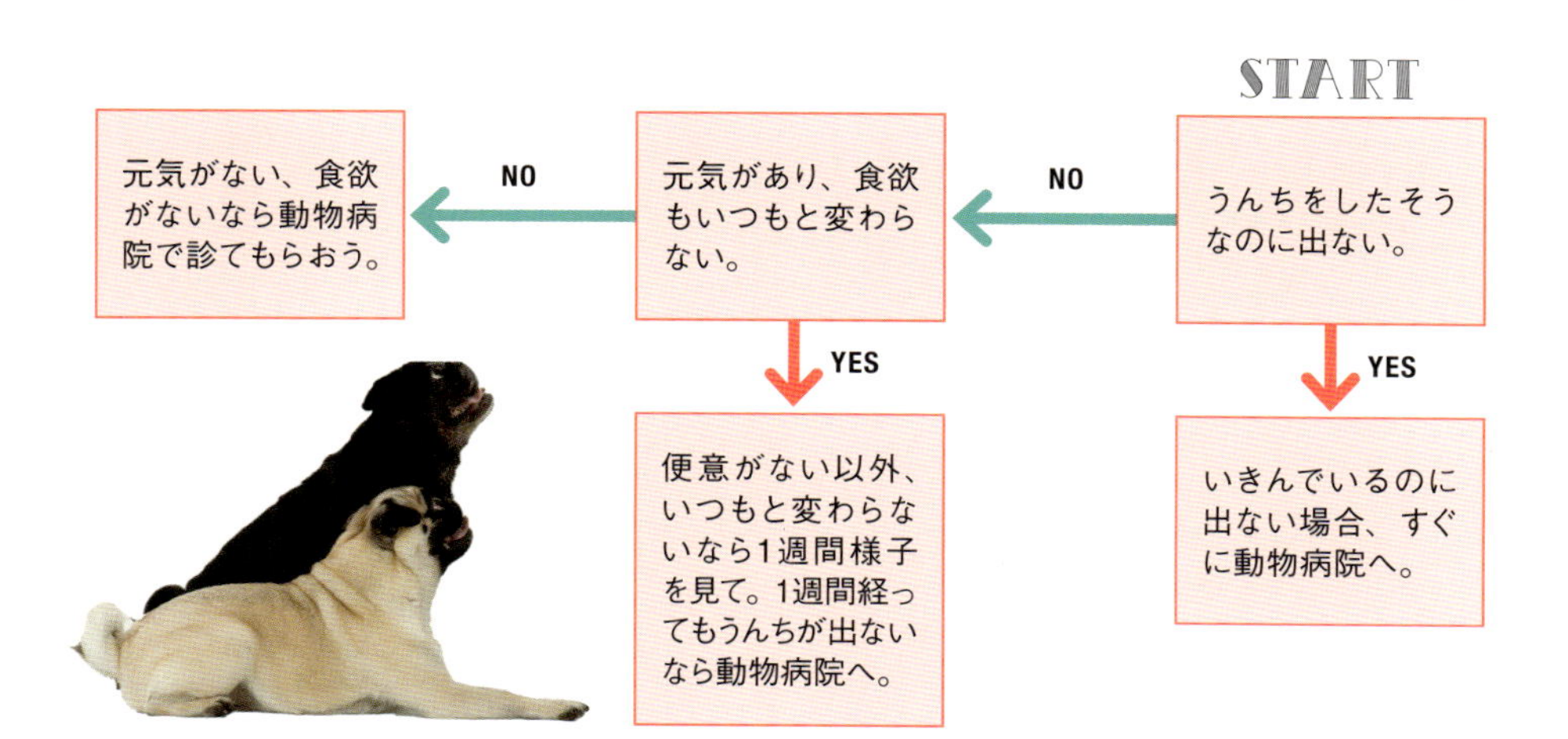

注意しておきたい主な病気

パグにみられる病気にもいろいろあります

大きくて丸い目、ぺちゃんこの鼻、シワシワの顔がパグの特徴であり、チャームポイントになっています。でもその特徴ゆえに、気をつけておきたい病気というものがあります。

犬の病気にもさまざまあります。ここでは子犬から7歳頃までのパグが気をつけておきたい主な病気について紹介します。（7歳以降の病気についてはP.98で紹介しています）

目の病気

◆外傷性角膜障害

角膜とは眼球の表面をおおっている透明な膜のことです。眼の内部を保護する大事な役割をしています。角膜になんらかの原因で傷ができ、痛みや炎症などを起こす病気です。

パグの目はやや出ているのと、鼻のまわりのシワが目にかかったりするため、被毛などから刺激を受けて角膜にトラブルを起こしやすいものです。

主な症状としては、目をしょぼしょぼさせている、目が赤くなる、目をかゆがるなど。そんな様子が見られたら早めに動物病院へ。

耳の病気

◆外耳道炎

耳の入口から鼓膜までの間を外耳道といいますが、外耳道に炎症を起こす病気です。原因によって外耳道炎には種類がありますが、パグに多いのは、マラセチア性と細菌性のものです。

マラセチアとはカビの仲間で酵母菌です。脂を好む菌のため、脂漏症を持っている犬は特に注意が必要です。

耳垢が増える、耳をかゆがる、耳の中が臭いなどが主な症状です。パグは子犬の頃から外耳道炎を起こしやすいため気をつけておきましょう。ふだんから耳の中をよくチェックして、いつもと違うと思ったら動物病院で診てもらうことが大切です。

口・鼻・気道の病気

◆短頭種気道症候群（軟口蓋過長、鼻孔狭窄症、ほか）

短頭種のパグは呼吸器系のトラブルがどうしても多くなります。それは鼻の構造的な問題や、口の中にもシワが多く粘膜がたるんでいるため、空気が通りにくいからです。

上顎の奥にあるやわらかい部分を軟口蓋といいますが、軟口蓋が喉の入り口に垂れ下がり、空気の通過障害を起こすのが軟口蓋過長です。原因としては先天的なものと、肥満によって口の中に脂肪がつくことで軟口蓋が膨らんでしまい同様の症状を起こします。

また、生まれつき鼻の穴が狭くなっている状態として、鼻孔狭窄症があります。鼻から空気を吸い込むことが上手くできないため、呼吸困難を起こしやすくなってしまいます。

呼吸が苦しそうなど症状がひどい場合はいずれも手術が必要となります。

◆誤食による食道閉塞

パグの喉は意外と狭いため、なにかを喉に詰まらせて呼吸困難を起こす場合もあります。詰まらせたものの大きさによっては窒息状態となり、命にも関わります。愛犬がうっかりなにかを飲み込んだりしないよう気をつけることが大切です。また、リンゴなどのくだものを与える際は1㎝以下に小さく切って食べさせるようにしましょう。

◆欠歯

犬の永久歯は通常42本あるものですが、欠歯とは本来なら生えてくるはずの永久歯が生えてこないという状態をいいます。パグには欠歯が比較的よくみられます。原因のほとんどが遺伝性のものといわれています。

◆歯周病

歯肉をふくめて、歯のまわりに炎症が起こる病気です。歯の表面や歯肉ポケットと呼ばれる歯と歯肉の間にたまった歯垢や歯石が原因です。食べかすをそのままにしておくと歯垢となり、やがて歯石となってしまいます。

主な症状としては、歯肉が腫れて出血がみられたり、口臭が強くなってきます。炎症が進むにつれて歯肉が退行し、歯槽骨を溶かしてしまいます。また、歯周病菌が原因となってほかの病気を引き起こす場合もあります。

パグに限らず、3歳以上の犬の8割近くが歯周病を起こしているといわれています。歯みがきの習慣をつけておくことが予防につながります。

皮膚の病気

◆アトピー性皮膚炎

アレルギーを起こす原因物質であるアレルゲンが体内に入ることで皮膚のトラブルを起こす病気です。体質的なことが原因となっているため、生後6ヵ月頃から4歳未満までに発症することが多いといわれています。

主な症状は、目や口のまわり、耳、お腹、足先の皮膚が赤くなり、脱毛が見られ、激しいかゆみがあります。

完治することはありませんが、症状の程度に合わせた治療を行ない、上手につき合っていくことが大切です。

◆膿皮症

なんらかの要因で皮膚のバリア機能が低下することで、皮膚内で細菌が増殖し、皮膚に炎症を起こす病気です。常に犬の皮膚の表面には細菌がいますが、健康な状態ではトラブルを起こしません。皮膚の抵抗力が弱い若い犬と重い病気や老化で免疫力が落ちているときに発症する場合があります。

主な症状は、ぶつぶつと赤や黄色の丘疹が見られたり、赤あるいは黒の円形脱毛が見られます。いずれも痒みはほとんどありません。予防はシワの間に汚れがたまらないよう、体を清潔に保つことが大切です。

◆指間性皮膚炎

指と指の間に炎症が起こる病気。肉球の間も合わせて指間性皮膚炎という場合もあります。散歩で砂や小石などの異物がはさまったり、刺さったなどで、犬がそれを気にしてなめて皮膚をなめこわしてしまう場合が多く見られます。散歩から帰ったら、指の間や肉球の間をチェックしてあげましょう。

◆脂漏性皮膚炎・脂漏症

皮脂は皮膚を保護し、乾燥を防ぐ役割をしています。皮脂がシワの中などに過剰にたまってしまうと、それが原因となって皮膚炎を引き起こします。生まれつき皮脂が過剰に分泌しやすかったり（脂漏性皮膚炎）、ほかの病気が原因となっている場合（脂漏症）があります。年齢とともに悪化しやすくなるため、体がベタつく、かゆがっていたら早めの対処を心がけます。

神経系の病気

◆椎間板ヘルニア

脊椎の骨と骨の間にあり、クッションのような役割をしているのが椎間板です。なんらかの原因により椎間板が破裂または変形することによって、神経を圧迫し、圧迫部位より下方に麻痺を起こす病気が椎間板ヘルニアです。

圧迫部位と圧迫の程度によって症状が変わり、後ろ足がふらつく程度から自力での排尿、排便ができず後ろ足を引きずる、四肢が麻痺して寝たきりになるなどの様子が見られます。

症状が軽ければ安静と薬で治療しますが、進行すると手術が必要です。日頃から十分な運動をするとともに滑りにくい床にするなど、腰に負担をかけない生活をさせることが大事です。

関節系の病気

◆股関節形成不全

本来は、大腿骨の先端は骨盤にあるくぼみにおさまっています。骨盤のくぼみが浅すぎる、大腿骨の先端が変形しているなどで、うまくおさまっていない状態が股関節形成不全です。

遺伝によるものが多いですが、体重だったり、滑りやすい床などで生活しているなど環境も影響してきます。

主な症状として歩き方の異常や痛みなどが見られるようになります。ただ程度が軽いものは症状を現さない場合もあり、レントゲンで初めて発見されることも少なくありません。重度の場合は手術をすることもあります。

泌尿器系の病気

◆膀胱炎

尿道や血管から入った細菌の感染、結石あるいは腫瘍によって膀胱に炎症を起こす病気。本来なら、おしっこをためておく膀胱の働きが低下するためおしっこの回数が増えてきます。ほかにもおしっこの色が濃くなる、臭いが強くなるなど。おしっこの変化が見られた場合は早めに受診を心がけます。

◆膀胱結石

おしっこが出ない、または量が少ない。血尿が出る。臭いが強くなったときに疑われるのが膀胱結石です。

そのままにしておくと尿道閉塞を起こす場合があり、命にも関わります。重症では手術となりますが、食事療法や薬物療法で改善される病気です。

パグ脳炎について

壊死性髄膜脳炎のことを、パグ脳炎ともいいます。先天性の病気ではありませんが、パグに発症が多かったことからそう呼ばれようになりました。原因ははっきりわかっていませんが、免疫や薬の刺激、食事、生活環境などなんらかの刺激が加わって脳炎を起こします。脳炎を発症する犬の家族には喫煙者が多いともいわれます。

年齢に関係なく発症し、脳のどこに炎症を起こしたかによって症状もさまざまです。ふらふらしている、けいれんを起こした場合にMRIなどで診断します。

健康・医療記事監修：**野矢雅彦**

ノヤ動物病院院長。日本獣医畜産大学獣医学科卒業後、1983年にノヤ動物病院を開院。ペットの診察・治療をはじめ、動物と人とのよりよい関係作りのために、ペット関連書籍の執筆・監修も多く手がけるなど幅広く活動している。ノヤ動物病院　http://www.noya.cc/

トレーニング関連記事監修：**中西典子**

1965年生まれ。ふとしたきっかけでミニチュア・シュナウザーを飼い始め、その魅力にはまり、犬の訓練士に転職。日本の家庭犬訓練所で修業後、シドニーへ渡り、ドッグテックインターナショナルのドッグトレーニングアカデミーを修了。2002年に自身のドッグスクール「Doggy Labo」を設立。犬の気持ちに寄りそうトレーニング方法が好評で、現在までの経験頭数は2000頭を超える。現在、ドッグトレーナーとして活躍するかたわら、保護犬をサポートする活動も行っている。「犬のモンダイ行動の処方箋」（緑書房刊）など、著書も多数。

編集：溝口弘美、伊藤英理子
デザイン：岸 博久（メルシング）
写真：中村陽子、大村麻利（dogs 1st）、平林美紀
イラスト：ヨギトモコ

犬種別 一緒に暮らすためのベーシックマニュアル
もっと楽しい パグライフ　　**NDC645.6**

2018年10月15日　発　行

編　者　愛犬の友編集部
発行者　小川雄一
発行所　株式会社誠文堂新光社
〒113-0033　東京都文京区本郷3-3-11
（編集）電話03-5800-5751
（販売）電話03-5800-5780
http://www.seibundo-shinkosha.net/

印刷所　株式会社 大熊整美堂
製本所　和光堂 株式会社

ISBN978-4-416-71809-4